DK

PERMA KULTUR

FÜR EINSTEIGER

ANDREW MIKOLAJSKI

Fotos: Peter Anderson & Howard Rice

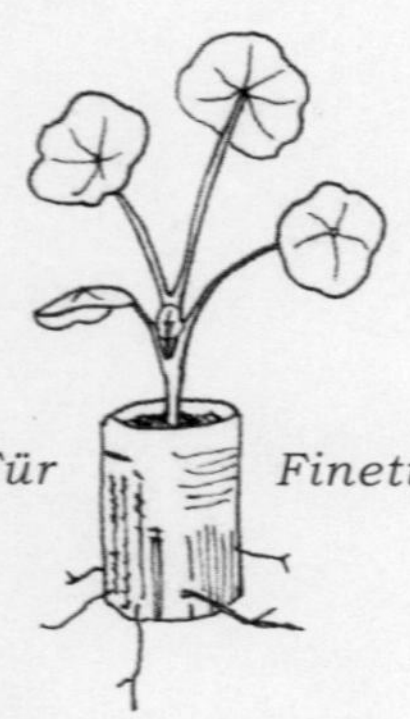

Für Finetta

PERMAKULTUR

FÜR EINSTEIGER

ANDREW MIKOLAJSKI

Fotos: Peter Anderson & Howard Rice

Inhalt

Was ist Permakultur?

Die Permakultur ist eine Gestaltungsweise, die Muster und Elemente eines natürlichen Ökosystems nachahmt. Der Begriff »Permakultur«, gebildet aus den Worten »permanent« und »Kultur«, wurde um 1970 von David Holmgren und Bill Mollison geprägt. Es geht um die Pflege und den Erhalt der Umwelt, das Vermeiden von Abfall und darum, aus den vorhandenen Ressourcen möglichst viel zu machen.

Die Permakultur ist eine nachhaltige Form der Landwirtschaft, die sich vom modernen, intensiven Anbau unterscheidet. Letzterer setzt auf fossile Brennstoffe, mineralische Dünger und eine aggressive Schädlingsbekämpfung. So können Nahrungsmittel billig produziert werden. Die Auswirkungen auf die Umwelt sind allerdings immens.

Auch im Garten unterscheidet sich die Permakultur deutlich von der üblichen Arbeitsweise. In der Permakultur geht es darum, auf lange Sicht Fruchtbarkeit und Vielfalt zu erhöhen sowie eine nachhaltige Umwelt aufzubauen und diese zu unterstützen. Sie bietet die Möglichkeit für ein verantwortungsbewusstes Leben und schließt ein gutes Ressourcenmanagement, das Vermeiden von Abfall und das Recycling mit ein. Ihr ganzheitlicher Ansatz lenkt den Fokus von den kurzfristigen Bedürfnissen zu den jetzigen und kommenden Auswirkungen auf die Umwelt.

Die Geschichte der Permakultur

Mitte des 20. Jahrhunderts, als nach der Industrialisierung im Jahrhundert zuvor neue Technologien Einzug hielten, rückte auch die Zerstörung der natürlichen Landschaftsformen durch die intensive Landwirtschaft ins Bewusstsein.

Zeichen setzte das Buch des amerikanischen Geografen Joseph Russell Smith (1874–1966) *Tree Crops: A Permanent Agriculture* (1929), das eine nachhaltigere Produktion von Feldfrüchten empfahl. Toyohiko Kagawa (1888–1960), ein Sozialarbeiter und Aktivist aus Japan, bereitete in den 1930er-Jahren den Weg für Waldgärten und die Agroforstwirtschaft. Von Smith inspiriert, konnte er Landwirte davon überzeugen, dass durch das Pflanzen von Bäumen die Bodenerosion vermindert wird. In Australien beschäftigte sich P. A. Yeomans (1905–1984) mit Flächennutzung und Wasserversorgung. In Norwegen prägte der Philosoph und Alpinist Arne Naess (1912–2009) den Begriff »Tiefenökologie«, der für das Bewusstmachen unserer Verbindung mit der Welt steht. Der englische Umweltschützer James Lovelock (1919–2022) entwickelte die Gaia-Hypothese: Die Erde wird darin als Organismus »Gaia« gesehen, der sich selbst erhalten kann.

Um 1960: Mollison & Holmgren

Alle diese Ideen gerieten in den Fokus von Bill Mollison (1928–2016). Er wird oft als »Vater der Permakultur« bezeichnet. Beunruhigt über die modernen Anbautechniken, die er in Tasmanien beobachtete, entwickelte er Ideen für eine nachhaltigere Arbeitsweise, die sich an natürlichen Abläufen orientiert. Ihm wurde klar, dass eine stärker industrialisierte Landwirtschaft, die von nicht erneuerbaren Ressourcen abhängig ist, Boden und Wasser vergiftet und Artenvielfalt sowie Bodenfruchtbarkeit verringert.

Als Dozent der University of Tasmania suchte er Kontakt zu dem Studenten David Holmgren (*1955). Um 1970 legten sie die Grundlagen der Permakultur fest – als Gegenpol zur nuklearen Aufrüstung und dem Kalten Krieg. Die Permakultur sollte Brücken zwischen Natur und Zivilisation sowie zwischen Tradition und Moderne bauen. Der Bau von Staudämmen in Tasmanien war eine zusätzliche Motivation aktiv zu werden. Auch weltweit wuchs das Engagement für den Umweltschutz: Die Ölkrise 1973 mit dem Anstieg der Preise für fossile Brennstoffe verhalf der Bewegung zu neuem Schwung.

Permakultur-Zentren

1976 veröffentlichten Mollison und Holmgren den Text *A Permaculture System for Southern Australian Conditions* in *Tasmania's Organic Farmer and Gardener*. Davon inspiriert gründete Max Lindegger in Queensland *Crystal Water*, das erste Permakultur-Dorf der Welt. 1978 gaben Mollison und Holmgren das erste Permakultur-Buch heraus: *Permaculture One – A Perennial Agriculture for Human Settlements (Permakultur – Landwirtschaft und Siedlungen in Harmonie mit der Natur).*

Zur Reduzierung der Jugendarbeitslosigkeit stellte man in Maryborough, Queensland, zwei Programme zu alternativen Energien auf die Beine. Neben den Projekten in Tasmanien wurden sie zu zentralen Orten der Permakultur-Bewegung. Dort fanden Konferenzen sowie praktische Kurse statt.

Um dem wachsenden Interesse nachzukommen und seine Ideen noch weiter verbreiten zu können, reiste Mollison ins Ausland. Heute sind Permakultur-Projekte, oft als Gemeinschaften organisiert, weltweit zu finden.

Permakultur in Theorie & Praxis

Permakultur ist eine Form der Landnutzung, die natürliche Prozesse nachahmt, um eine produktive Fläche mit reicher Ernte zu schaffen. Das Wesentliche ist eine beobachtende Annäherung: Das Wissen über natürliche Abläufe dient als Vorbild, wie im Garten gearbeitet wird.

Die Natur nachahmen

Eine Landschaft bleibt immer gleich, ist aber nie dieselbe. Pflanzenarten wachsen unterschiedlich stark, und Wetterphänomene können dazu führen, dass einige Arten verschwinden. Die überlebenden zehren an den Nährstoffen des Bodens. Oft ersetzen Arten, die an die neuen Bedingungen angepasst sind, jene, die verschwunden sind.

Die Abläufe in der Natur sind aufeinander abgestimmt. Pflanzen wachsen, sterben ab und machen den Boden fruchtbar. Eine neue Generation wächst heran. Streben Sie immer nach Vielfalt – nicht nur bei den Pflanzen, sondern auch bei der Gestaltung des Gartens.

Klein anfangen

Im kleinen Rahmen lassen sich Ideen schneller umsetzen und die Misserfolge sind weniger schlimm. Auch wenn Sie viel Platz haben: Erschließen Sie zunächst nur den Teil des Grundstücks, der ausreicht, um Ihre Bedürfnisse zu befriedigen. Umso mehr Platz bleibt für die wilden Bereiche. Beobachten Sie diese aufmerksam. So bekommen Sie ein Gefühl dafür, was auf dem Standort gut wächst und wie Ihr Garten gepflegt werden sollte.

Mehrfach nützlich

Im Idealfall haben alle Pflanzen und Elemente im Garten mehr als eine Funktion. Eine Hecke, zunächst als Schutz gedacht, kann gleichzeitig ein Lebensraum für Tiere und auf lange Sicht ein sogenannter Waldgarten sein.

Widerstandsfähigkeit

Ein gutes Permakultur-Konzept funktioniert auch dann, wenn eine Komponente ausfällt. Können Sie Ihre Pflanzen weiterhin gut versorgen, auch wenn das Wasser knapp wird? Können Sie Pflanzen ersetzen, wenn der Frost Exemplare hat absterben lassen? Und falls Sie plötzlich nicht mehr arbeiten könnten, wären Sie dann in der Lage, sich aus dem Garten zu versorgen? Er sollte nicht nur Nahrung liefern, sondern auch Beschäftigungsmöglichkeiten bieten, die erfüllend sind und Stress mindern.

Kreisläufe schließen

In einer Konsumgesellschaft wird vieles verschwendet und weggeworfen. Ziel der Permakultur ist es, Müll zu reduzieren und so viel wie möglich wiederzuverwenden. Nutzen Sie alle Materialien, statt sie zu entsorgen. Kompostieren Sie so viel wie möglich und versuchen Sie, auch Reste zu verwerten. So müssen Sie weniger wegwerfen und weniger Neues kaufen.

Gemeinschaftsprojekte

Über das Internet finden Sie Permakultur-Projekte in Ihrer Region. Oft werden sie von Gemeinschaften betrieben oder sind Teil einer sozialen Einrichtung für Behinderte, Obdachlose, Arbeitslose oder Asylsuchende und bieten Nahrung und Beschäftigung für die Gruppe.
Um das Permakultur-Prinzip bekannter zu machen, sind viele der Projekte zu bestimmten Anlässen für Besucher geöffnet.

Permakultur-Kurse

Einige der bestehenden Projekte werden von zertifizierten Permakultur-Praktikern für Kurse genutzt. Auch Online-Kurse werden angeboten. Nach Abschluss der Kurse können Sie ein eigenes Permakultur-Projekt starten oder mit Schulen zusammenarbeiten.

Die ethischen Grundlagen

Im Unterschied zu anderen Gestaltungsprinzipien hat die Permakultur ein starkes ethisches Element. Nicht nur mit der Umwelt, auch mit den Menschen wird ein achtsamer Umgang angestrebt – so wie es die Natur vorgibt.

Die Nahrungskette

Das traditionelle Verständnis der Nahrungskette geht davon aus, dass manche Lebensformen höher gestellt sind als andere. Die niedrigeren dienen dazu, die Bedürfnisse der anderen zu befriedigen. Der *Homo sapiens* (Mensch) steht als am meisten entwickeltes Wesen normalerweise ganz oben.

- Bodenorganismen und Wirbellose ernähren Pflanzen.
- Pflanzen wachsen und dienen Bodenlebewesen als Nahrung.
- Diese ernähren größere Organismen, die weiter oben in der Nahrungskette stehen.
- Tiere ohne Feinde stehen am oberen Ende der Kette und profitieren von allen unteren Organismen.

Die Annahme, dass der Mensch eine Vorrangstellung einnimmt, hat zu einer Konsumgesellschaft geführt. Natürliche Ressourcen werden bis zur Erschöpfung ausgenutzt. Das Vertrauen in fossile Brennstoffe hat dazu geführt, dass immer mehr Treibhausgase freigesetzt werden. Sie sollen für die Klimaerwärmung verantwortlich sein.

Der Ansatz der Permakultur

Der ganzheitliche Ansatz der Permakultur geht davon aus, dass alle Lebensformen den gleichen Wert haben und voneinander abhängen. Das Auslöschen einer von ihnen hat einen Einfluss auf die übrigen. Nur durch Vielfalt kann das System wachsen. Außerdem wird berücksichtigt, dass wir alle das Recht haben, glücklich und nutzbringend in einer gesunden und angenehmen Umgebung zu leben. Eine gemeinschaftliche und partnerschaftliche Landnutzung, bei der Arbeit und Ernte gerecht verteilt werden und die Ressourcen sich erneuern, ist auf lange Sicht nachhaltig.

Die Permakultur schützt Ökosysteme und möchte geschwächte Landschaften stärken, denen die Vielfalt an Lebensformen und Strukturen und ihre Widerstandsfähigkeit verloren gegangen ist. Das können Flächen mit intensiver Landwirtschaft sein oder solche, die von Erosion oder Überschwemmung bedroht oder verseucht sind.

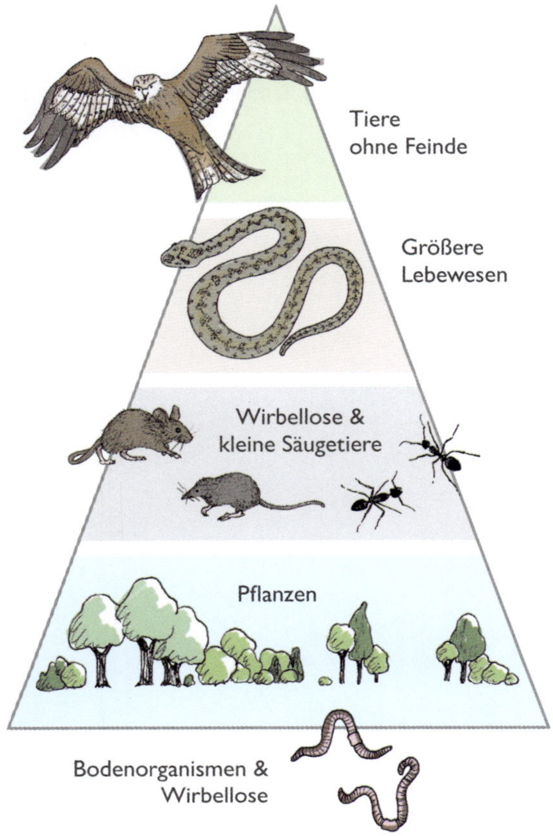

Die traditionelle Nahrungskette

Erneuerbare Ressourcen

Statt begrenzte Ressourcen auszunutzen, die nicht ersetzt werden können, steht die Permakultur dafür, Materialien zu verwenden, die erneuerbar sind. Wenn Sie sich also Strategien überlegen, Müll zu vermeiden, denken Sie gleichzeitig daran, wie Sie die Bodenfruchtbarkeit verbessern können, und zwar so, dass nicht nur Sie, sondern auch kommende Generationen profitieren. Permakultur ist die Gegenbewegung zur Konsumgesellschaft, bei der Bedürfnisse sofort und ohne Gedanken an die Folgen erfüllt werden.

Bei der Permakultur wird auf einige Methoden, die beim Gärtnern lange üblich waren, verzichtet.

- **Fossile Brennstoffe**
  Gartengeräte mit diesem Antrieb sollten nicht verwendet werden. Strom ist eine wesentlich sauberere Energie – vorausgesetzt, sie wird auf umweltverträglichem Weg produziert.

- **Chemische Hilfsmittel**
  Im konventionellen Anbau wird das Pflanzenwachstum oft mit Kunstdüngern beschleunigt. Die Pflanzen werden schwach und anfällig für Krankheiten, die dann wieder mit Chemikalien behandelt werden. Das schadet dem Boden und der Atmosphäre.

- **Pestizide & andere Gifte**
  Viele Organismen sind auf die Pflanzen angewiesen, die wir anbauen. Sie benötigen sie als Nahrungsquelle. Gifte, die eingesetzt werden, um sie zu kontrollieren, können in die Nahrungskette gelangen. Permakultur-Gärtner verstehen »Schädlinge« als Teil des Systems oder vertreiben sie mit natürlichen Methoden.

Oben: Gärtner verwenden oft Geräte, die mit fossiler Energie betrieben werden. In der Permakultur haben andere Methoden Vorrang.

Unten: In Gärten, in denen auf Chemie verzichtet wird, finden bestäubende Insekten Nahrung und Lebensräume.

Was ist ein Permakultur-System?

Bei der Permakultur werden gärtnerische Methoden als Teil eines funktionierenden und effizienten Systems gesehen. Die einzelnen Elemente greifen ineinander und unterstützen sich gegenseitig, sodass positive Ergebnisse erzielt werden. Permakultur umfasst alle Bereiche: das Haus, die Landschaft (oder das städtische Umfeld), in der es liegt, das Klima und den Wechsel der Jahreszeiten sowie das Vorhandensein von Wasser und Energie. Dazu kommen der körperliche Einsatz des Gärtners sowie der intellektuelle Aspekt des Planens.

Welche Ressourcen verfügbar sind, ändert sich ständig. Manchmal kurzfristig, wie in trockenen Perioden, manchmal dauerhaft, wenn in der Nähe eine Straße oder eine Siedlung gebaut wird und dadurch die Artenvielfalt zurückgeht (und die Umweltverschmutzung steigt). Ihr Permakultur-System muss sich an solche Veränderungen anpassen. Es entwickelt sich ständig weiter. Es muss flexibel genug sein, um sich verändern zu können, aber gleichzeitig stark genug, um dem Druck von Außen standzuhalten.

Einschränkende Faktoren

Zur Permakultur gehört auch das Betrachten aller Faktoren, die die Funktionsfähigkeit des Systems einschränken. Sollte die erste Ernte nur mager ausfallen, weil der Boden nicht besonders fruchtbar ist, ist dies leicht zu ändern. Liegt dies jedoch daran, dass ein Gebäude zu viel Schatten wirft, müssen Sie andere Pflanzen anbauen oder eine andere Fläche wählen.

Ein ganzheitlicher Ansatz

Überlegen Sie immer, welchen Einfluss Ihre Entscheidungen auf den gesamten Garten haben. Wenn Sie Pflanzen auswählen, beziehen Sie mit ein, welche positive, aber auch welche negative Wirkung sie auf das Ganze haben. Ein Apfelbaum kann im Herbst abgeerntet werden, außerdem bietet er Tieren einen Lebensraum. Je größer er jedoch wird, desto mehr Schatten wirft er. Dies kann Pflanzen in der Nachbarschaft daran hindern, zu wachsen.

Das gewachsene System

Auch in einem funktionierenden System passieren unerwartete Dinge – gute wie schlechte … Wer Hühner hält, kann die Eier gegen Mithilfe im Garten tauschen, denn meist fällt die arbeitsintensivste Phase in die Zeit, in der die Hühner besonders fleißig legen. Dann sind genug da, um einige abzugeben. Andererseits können Hühner Füchse in den Garten locken oder die Nachbarn sich durch das Gegacker gestört fühlen. Alle Faktoren zu durchdenken kann helfen, die bestmöglichen Entscheidungen zu treffen und ein positives Ergebnis zu erzielen sowie die negativen Effekte möglichst gering zu halten.

Einmal eingerichtet, sollte jedes Element des Gartens sich größtenteils selbst erhalten. Am Anfang ist natürlich etwas mehr Einsatz notwendig, wenn ein Teich ausgehoben oder ein Hügelbeet angelegt wird. Mit der Zeit sollte die Arbeit aber weniger werden. Ist dies nicht so, können Sie Änderungen vornehmen. Ein schlüssiges System macht auf lange Sicht immer weniger Arbeit und bringt immer mehr Ertrag. Der schönste Lohn ist die gewonnene Zeit, die Sie nutzen können, um sich im Garten zu entspannen und sich an ihm zu erfreuen.

Die Einteilung in Zonen

Die Einteilung in Zonen ist ein grundlegendes Prinzip der Permakultur. Sie kann in Gärten jeder Größe angewendet werden und hilft dabei, die Fläche zu planen. Die Zeichnung zeigt das zugrunde liegende Schema. In der Praxis überschneiden sich Zonen und sind nicht immer klar voneinander zu trennen. Beginnen Sie am Wohnhaus – dem Ort, an dem Sie die meiste freie Zeit verbringen. Das ist die Zone 0. Von hier gehen alle anderen Zonen aus.

> *Gut zu wissen:*
> *In einem kleinen Stadtgarten, der keinen Platz für einen Obst- oder Nussbaum hat, plant man am besten nur mit den Zonen 1–3. Was außerhalb des Gartens liegt, kann als Zone 4 und 5 dienen.*

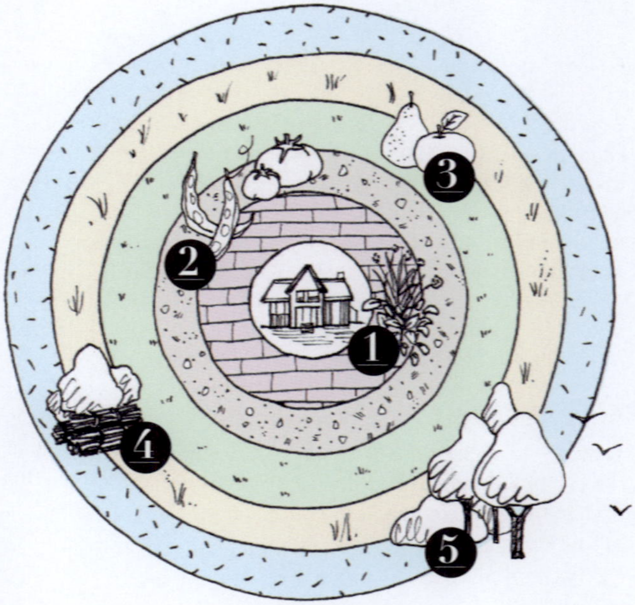

Zone 1 liegt üblicherweise direkt am Haus. Zu ihr gehören alle Elemente, auf die Sie ständig Zugriff haben möchten. Hier sind Steinpflaster oder Holzdielen sinnvoll, denn die Flächen werden oft betreten. In Zone 1 können Pflanzen wie Kräuter und Salate angebaut werden. Diese möchte man täglich frisch ernten, außerdem sind sie relativ pflegebedürftig und brauchen viel Wasser und organisches Material.

Zone 2 ist der Bereich, in dem Pflanzen wachsen, die nicht täglich oder nur zu bestimmten Jahreszeiten geerntet werden.

Zone 3 ist für langlebige Pflanzen gedacht, die nur eine Ernte im Jahr bringen. Dazu gehören Obstgehölze oder Nussbäume.

Zone 4 ist der Bereich für Nutzpflanzen, die Holz zum Feuern oder für die Verarbeitung liefern, oder Gehölze, die regelmäßig vollständig zurückgeschnitten oder gekappt werden, sowie Bambus, Hecken und Schutzelemente. Diese Zone ist Lebensraum für alle möglichen Tiere, oft können hier Wildpflanzen geerntet werden.

Zone 5 kann auch zur Ernte genutzt werden, ist aber in erster Linie als Wildnis gedacht – ein ruhiger Bereich, in dem sich die Natur ungestört entwickeln und in dem man dem Alltag entfliehen kann.

Zeitmanagement

Ein wichtiger Teil der Permakultur ist der sinnvolle Umgang mit Zeit. Bedenken Sie schon bei der Planung die Wege, die Sie beim Säen, Wässern und Ernten zwischen den verschiedenen Bereichen zurücklegen werden.

Die Prinzipien der Permakultur

Die Permakultur schreibt nichts vor. Für jede Fläche und ihre Eigenarten sind immer mehrere Gestaltungsmöglichkeiten denkbar. In diesem Buch sind die Prinzipien der Permakultur zu einfachen Regeln zusammengefasst. Diese können leicht in jedem Garten umgesetzt werden. Die Größe ist unerheblich, ebenso, ob der Garten in der Stadt oder auf dem Land liegt. Wenden Sie die Regeln an und es wird für Sie zum Vergnügen, in Ihrem Garten zu arbeiten und sich zu entspannen.

Regel 1
Von der Natur lernen

Die Natur verändert sich ständig. Pflanzen keimen, wachsen, blühen, bilden Samen und sterben ab. Jahr für Jahr passen sie sich den individuellen Klimaverhältnissen an. Im Lauf der Zeit werden sie stärker oder sie sterben, um folgenden Generationen als Nahrung zu dienen. Gemeinsam mit Pilzen und Mikroorganismen beeinflussen sie ihre Umwelt und bilden ein selbsterhaltendes System.

Regel 2
Zonen & Kleinklima gestalten

Die Permakultur ist eine sehr umfassende Herangehensweise an die Gartengestaltung. Treffen Sie Entscheidungen danach, wie Sie die Fläche nutzen wollen und wie Sie dort am meisten ernten können – während Sie gleichzeitig im Auge behalten sollten, dass Sie Ihre Zeit und andere Ressourcen möglichst lohnend nutzen.

Regel 3
Nicht umgraben, sondern den Boden pflegen

Manche Gartenbesitzer verwenden sehr viel Energie darauf, den Garten umzugraben. Das ist unnötig und kann sogar unsinnig sein. Im Boden lebt eine Fülle an Kleinstlebewesen wie Bakterien, Pilzen und anderen Organismen. Erlauben Sie ihnen sich auszubreiten. Nähren Sie den Boden, nicht die Pflanzen.

Regel 4
Wasser sparen

Ohne Wasser kein Leben. Diese Ressource ist so wertvoll wie der Boden oder die Luft, die wir atmen. In der Natur ist es unvorhersehbar, wie die Wasserversorgung sein wird. Es gibt keine Garantie für Regen. Flüsse und Bäche können austrocknen oder ihren Lauf ändern. Überlegen Sie, was wann dringend gegossen werden muss.

Regel 5
Abfall vermeiden, weiterverwenden & wiederverwerten

Ein großes Thema ... Zwar gibt es bei uns keinen Mangel an Nahrungsmitteln, aber viel zu viel wird weggeworfen, während die Menschen in anderen Teilen der Welt hungern. Gleichzeitig werden für die Verpackung von Lebensmitteln, Haushaltsgeräten und Putzmitteln Ressourcen verschwendet. Dabei ist es einfach, Müll zu vermeiden: Organische Materialien wandern auf den Kompost, die nicht abbaubaren werden im Garten weiterverwendet.

Regel 6
Randzonen & Schichten gestalten

Die unberührte Natur ist sehr vielfältig. Große Bäume stehen neben kleineren, die niedrigere Schichten bilden und Kletterpflanzen Halt geben. Wo, wie am Meeresufer oder am Waldrand, verschiedene Ökosysteme aufeinandertreffen, ist die Vielfalt am größten. Bei der Permakultur wird versucht, diese Vielfalt in einem kontrollierten Rahmen nachzubilden.

Regel 7
Schutz schaffen

Die Produktivität einer Fläche erhöht sich durch den Einsatz von Schutzmaßnahmen. Wände ermöglichen es, eine größere Bandbreite an Pflanzen anzubauen. Hecken erhöhen die Artenvielfalt der Fläche. Beide schwächen den Wind ab und reflektieren das Sonnenlicht und haben somit eine positive Wirkung auf das unmittelbare Umfeld.

Regel 8
Die Tierwelt einladen

Je größer die Pflanzenvielfalt und je höher die Bodenfruchtbarkeit, desto mehr Tiere werden Sie in den Garten locken. Denken Sie nicht mehr in der Kategorie »Schädlinge und Krankheiten«. Behalten Sie stattdessen im Kopf, dass eine vielfältige Umgebung allen Lebewesen eine Lebensgrundlage bietet und sich selbst erhält.

Regel 9
Die Ernte steigern

Die Permakultur ist eine intensive Art der Bewirtschaftung, aber auf andere Art und Weise als die konventionelle, kommerzielle Landwirtschaft. Wenn Sie alle Ihnen zur Verfügung stehenden Ressourcen bewusst einplanen, können Sie gesunde Pflanzen anbauen und reichlich ernten.

I. Permakultur theoretisch: Den Garten planen

Regel 1 – Von der Natur lernen

Regel 2 – Zonen & Kleinklima gestalten

Wie sich Ökosysteme entwickeln

Vor der Planung eines Permakultur-Projekts ist es sinnvoll, die Natur zu beobachten. Ein Garten, der nach dem Permakultur-Prinzip gestaltet ist, wird zu einem Ökosystem, das im Lauf der Zeit reift und sich wandelt.

Wo beim Straßenbau ausgehobene Erde deponiert wurde, kann man beobachten, dass sich seltene Orchideen ansiedeln. Dank des Sonnenlichts wurde die Keimruhe der Samen gebrochen und die Keimung angeregt.

Viele kleine Säugetiere sammeln im Herbst reife Walnüsse als Vorrat für den Winter. Wenn sie diese in der passenden Erde vergraben und dort vergessen, beginnen die Nüsse zu keimen.

Die Entwicklung der Natur verläuft selten linear. Eine neue ökologische Gemeinschaft wächst in Etappen. Meistens verläuft dies folgendermaßen:

Störung

Eine plötzliche Veränderung der Umwelt entsteht zum Beispiel durch Naturphänomene wie Vulkanausbrüche, Erdbeben, Waldbrände oder Unwetter. Menschliche Aktivitäten wie Rodungen im Rahmen der Stadtentwicklung oder – als extremes Beispiel – Krieg verursachen ebenfalls plötzliche Veränderungen. Auf dem freiliegenden Boden beginnt sich neue Vegetation anzusiedeln.

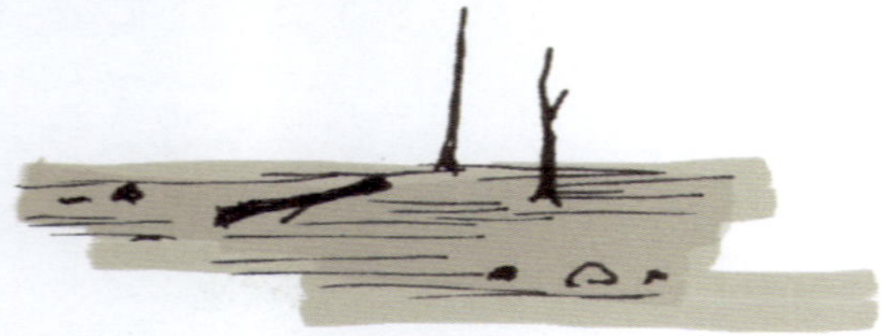

Störung

Frühe Entwicklungsphase

Nach der Störung erscheinen als Erste und oft überraschend schnell die Pionierpflanzen. Dies sind meist rasch wachsende, bodendeckende Pflanzen, die sich über Samen vermehren. Im Garten werden sie häufig als Unkraut bezeichnet, aber in der Entwicklung von Ökosystemen spielen sie eine wichtige Rolle, da sie Stickstoff binden und den Boden belüften. So können sich andere Arten leichter ansiedeln. In offenen, windigen Lagen bleibt die Entwicklung in dieser Phase stehen und es entwickelt sich Prärie oder Grasland.

Frühe Entwicklungsphase

Mittlere Entwicklungsphase

Während dieser Phase konkurrieren die Pflanzen miteinander: Gehölze dringen mit ihren Wurzeln tiefer in den Boden, ihr Blattwerk beschattet die Stellen, an denen Pionierpflanzen wachsen. Ein Mischwald entsteht, indem einzelne Gehölze hohe Stämme ausbilden und zum Licht streben, während andere als mehrtriebige Sträucher wachsen.

Mittlere Entwicklungsphase

Späte Entwicklungsphase

Sind die Bäume voll ausgewachsen, erhält sich das System als ausgewachsener Wald selbst. Die Bäume können laubabwerfend sein oder – meist in tropischen Klimaten – immergrün. In manchen Regionen wachsen vor allem Nadelgehölze. Ein solches System ist stabil, aber es verändert sich: Ein Wald bietet mehr Arten – darunter größeren Säugetieren und Vögeln – einen Lebensraum als die früheren Entwicklungsphasen.

Späte Entwicklungsphase

Die Rolle der Pilze in einem Ökosystem

Mit ihren meist oberirdisch wachsenden Fruchtkörpern sind Pilze sichtbarer als andere Bodenorganismen. Sie wachsen auf Wiesen oder manchmal besonders spektakulär als Baumschwamm am Fuß oder am Stamm von älteren Bäumen. Auch auf abgestorbenem Holz kann man sie entdecken. Sie spielen in einem Ökosystem eine wichtige Rolle.

Was sind Pilze?

Pilze gehören weder zu den Pflanzen noch zu den Tieren. Genetisch sind sie Tieren ähnlicher als Pflanzen. Sie sind auf der ganzen Welt verbreitet.

In einem Ökosystem sind sie zusammen mit den Bakterien für die Zersetzung organischer Substanz zuständig. Sie ernähren sich von totem oder absterbendem organischen Material und bringen dieses in eine Form, die von anderen Bodenorganismen verwertet werden kann. Dies wiederum unterstützt das Pflanzenwachstum.

Da Pilze zum größten Teil unterirdisch wachsen, sind sie meist unauffällig. Nur wenn sie Fruchtkörper bilden, sind sie zu sehen. Einige sind essbar. Andere finden Verwendung als Hefen zum Brotbacken oder für die alkoholische Gärung, in der Pestizidproduktion oder in der pharmazeutischen Industrie. Manche Arten haben halluzinogene Wirkung und werden in manchen Kulturen als Beruhigungsmittel oder für traditionelle Zeremonien verwendet.

Wie Pilze wachsen

Im Gegensatz zu Pflanzen, die durch die Fotosynthese ihre eigene Nahrung herstellen können, leben Pilze parasitisch. Sie können auf lebenden Pflanzen und Tieren wachsen, aber auch auf sich zersetzendem organischen Material. Licht brauchen sie zum Wachsen nicht.

Pilze stellen Enzyme her, die das Material, auf dem sie wachsen, abbauen. Dabei werden Nährstoffe frei, die die Pilze über ihre Zellwände aufnehmen. Sie können in den unterschiedlichsten Lebensräumen existieren, bevorzugen jedoch feuchte Standorte.

Auf Rasen sieht man meist Hutpilze.

Baumschwämme wachsen am Stamm.

Was Pilze machen

Pilze spielen in einem Ökosystem eine wichtige Rolle. Mit Erdwürmern und Bakterien helfen sie, organisches Material zu zersetzen, sodass es lebenden Pflanzen zugutekommt.

Pilze bilden eine Lebensgemeinschaft mit Gehölzen. Entwickelt sich das Ökosystem, wie zum Beispiel ein älter werdender Wald, gibt es mehr Pilze als Bakterien. Sie zersetzen das Lignin, das im Holz enthalten ist.

Im Permakultur-Garten tauchen Pilze meist im Obstgarten, im Waldgarten oder an Holzstapeln auf. Je mehr Gehölze es gibt und je älter sie sind, desto mehr Pilze wachsen dort.

Das fördert das Pilzwachstum:

- **Rindenmulch und Holzhäcksel**
  Sie unterdrücken Unkraut und regulieren Bodenfeuchte und -temperatur.
- **Rankhilfen**
  Haselnuss- oder Birkenäste unterstützen Kletterpflanzen.
- **Holzstapel und Totholz**
  Sie dienen als Lebensraum, Unterschlupf und Winterquartier für alle möglichen Tiere. Die Bedingungen für Pilze wie *Trametes versicolor* und *Stereum hursutum* sind hier ideal. Sie bilden attraktive, schwammige Fruchtkörper.

Pilze ansiedeln

Wenn Sie auf einer Fläche arbeiten, auf der Fungizide ausgebracht wurden, kann es eine Weile dauern, bis sich wieder Pilze ansiedeln und das natürliche Gleichgewicht wieder hergestellt ist. Mit Kulturen in Form von Tabletten, Pasten oder Gels kann man Pilze wieder ansiedeln.

Schadpilze

Einige Pilze verursachen Pflanzenkrankheiten. Wenn Sie ein vielfältiges und gesundes Ökosystem schaffen, sollten keine zu großen Schäden entstehen. Befallene Pflanzenteile kann man entfernen und verbrennen (siehe »Gehölzschnitt in der Permakultur«, S. 180).

Der **Zinnoberrote Pustelpilz** (*Nectria cinnabarina*) zeigt sich in Form kleiner, rötlich-pinkfarbener Pusteln auf der Rinde. Er schädigt gesunde Pflanzen nur selten.

Der **Hallimasch** (*Armillaria sp.)* kann ausgewachsene Bäume und Sträucher zum Absterben bringen. Befallene Pflanzen ausgraben und verbrennen; durch resistente Sorten ersetzen.

Fäulnispilze ernähren sich von Totholz und sind größtenteils nützlich.

Mykorrhiza-Pilze

Die Pilzform verbreitet sich unterirdisch an den Wurzeln von Gehölzen. Manche Arten wachsen an der Wurzeloberfläche, andere im Innern.
Die Pilzstränge bilden ein Netz, das Feuchtigkeit, und damit auch Nährstoffe im Boden transportiert. Einige geben Stoffe ab, die die Pflanzen vor Krankheiten schützen. Im Gegenzug erhalten die Pilze Nährstoffe in Form von Kohlenhydraten.

Eine detaillierte Beschreibung, wie Sie Mykorrhiza-Pilze im Boden fördern können, finden Sie im Abschnitt »Was sind Mykorrhiza-Pilze?« (S. 61).

Gut zu wissen:
Pilze sind die Hauptakteure beim Zersetzen von Laubkompost (S. 78).

Gartenelemente

Die Permakultur-Regeln kann man in jedem Garten anwenden, auch wenn dieser nur klein ist. Selbst ein Garten in der Stadt kann mehr Ansprüche erfüllen, als man meinen mag. Als Allererstes ist der Garten ein Ort der Entspannung und Erholung, erst an zweiter Stelle dient er der Produktion von Nahrung. Planen Sie also Sitzplätze und andere nette Ecken ein

Elemente eines Permakultur-Gartens

- Beete, dicht bepflanzt mit einer großen Vielfalt an Zier- und Nutzpflanzen.
- Ein kleines Anlehngewächshaus an der Hauswand. Dort können Sie Pflanzen vorziehen und empfindlichere Arten anbauen. Ist es groß genug, können Sie dort einen lauschigen Sitzplatz anlegen.
- Wo es möglich ist, sollte Regenwasser aus den Dachrinnen in Fässern oder Tanks gesammelt werden.
- Schmale Wege – so bleibt mehr Platz für Pflanzen.
- Wände oder andere Strukturen, die vor Wind schützen.
- Der Zaun dient Kletterpflanzen als Rankhilfe.
- Balkonkästen an ungenutzten Wänden vergrößern die Beetfläche.
- Ein Miniteich lockt Tiere, die im und am Wasser leben, in den Garten.
- Kompostbehälter helfen, Pflanzenreste wiederzuverwerten.
- Eine Dachbegrünung auf dem Geräteschuppen. Sie zieht bestäubende Insekten an. Eine Solaranlage macht aus Sonnenlicht Strom für die Beleuchtung des Schuppens.

Sonnenschutz

Miniteich

Balkonkasten

Wassertank

Kletterpflanzen am Zaun

Kleines Gewächshaus

Kleingartenvereine

Selbst wenn Sie keinen eigenen Garten haben, lohnt sich der Kontakt zu einem Gartenverein. Viele Hobbygärtner haben Jungpflanzen oder Erntegut übrig, das sie gegen Geld abgeben oder tauschen – sei es für andere Pflanzen oder als Dank für das Ausleihen eines Häckslers oder eines Rasenmähers. In Gartenvereinen kann man andere Hobbygärtner treffen und Wissenswertes aus der Gegend aufschnappen. Das ist besonders nützlich, wenn man neu zugezogen ist. Außerdem organisieren viele Vereine oder Kommunen Pflanzenbörsen und Saatgut-Tauschtreffen. Oft wird das eingenommene Geld für einen guten Zweck verwendet.

Viele Gartenvereine kaufen Pflanzerde oder organischen Dünger in großen Mengen und verkaufen an die Mitglieder zu günstigen Preisen. Gleichzeitig spart man Transportwege.

Sind momentan keine Gärten frei, lohnt es sich nachzufragen, ob ein Gartenpächter seinen Garten teilen möchte, wenn Sie dafür die Pflege übernehmen, wenn er selbst verhindert ist.

In Harmonie mit der Natur

Bei jedem Permakultur-Projekt versucht man, Schlüsse daraus zu ziehen, wie die Natur funktioniert und wie sich Pflanzen und andere Lebensformen entwickeln. Mit diesem Wissen gestalten wir ein System, das imitiert, wie sich ein natürliches Ökosystem im Lauf der Zeit verändert. Diese Prinzipien lassen sich in allen Gärten umsetzen.

Ein verwildertes Grundstück urbar zu machen wirkt zunächst vielleicht entmutigend, aber die Vegetation zeigt, wie man dabei vorgeht. Die Gehölze haben sich selbst angesiedelt.

Städtisch oder ländlich?

Auf dem Land

Hier meint man, mitten in natürlicher Umgebung zu sein, aber die intensive Landwirtschaft hat oft ähnlich zerstörerische Folgen für die Umwelt wie das Wachsen der Städte. Trotzdem gibt es immer noch wild wachsende Hecken und Bereiche, in denen sich die Tier- und Pflanzenwelt ungestört entwickeln kann. Inmitten der üppigen Vegetation ist der Wechsel der Jahreszeiten offensichtlicher als in der Stadt.

In der Stadt

Auf einer bebauten Fläche scheint es zunächst unmöglich, die natürlichen Abläufe eines Ökosystems nachzuahmen. Aber fast alle Lebensformen können sich an veränderte Bedingungen anpassen und sogar an den unwirtlichsten Stellen überleben. Unkräuter und Moose wachsen, wo immer sie eine Chance haben, sodass sich auch im städtischen Umfeld Grünes entwickeln kann.

In vielen Wohnvierteln sind die Straßen mit Bäumen gesäumt. Sind sie schon älter und haben eine Höhe von etwa 20 m erreicht, bieten sie Vögeln und Fledermäusen einen Schlafplatz. Bäume, die in der Nähe Ihres Hauses wachsen, können als die oberste Schicht eines Walds betrachtet werden. In der Nähe von Parks sind die Bedingungen oft sogar ähnlich wie im Wald.

In Städten dienen Hecken meist dazu, Privatsphäre zu schaffen und, sofern es dornige Pflanzen sind, einen gewissen Schutz zu bieten. Eine frei wachsende Hecke aus verschiedenen blühenden oder Früchte tragenden Gehölzen dient vielen Tieren als Unterschlupf. Aber selbst in Form geschnittene Hecken bieten Wirbellosen und Kleintieren einen Lebensraum.

Hecken entlang der Straße sind außerdem ein effektiver Schutz vor Abgasen.

Raumteilende Hecken bieten Schutz vor Wind oder sorgen für schattigere Bereiche, in denen die entsprechenden Pflanzen optimale Bedingungen finden. Man kann mit ihnen aber auch eine Sonnenfalle gestalten und dort einen Standort für sonnenliebende Pflanzen anlegen.

Die Temperaturen sind in der Stadt meist etwas höher als auf dem Land. Das liegt zum einen am Beheizen von Wohn- und Bürogebäuden, zum anderen am Verkehr.

Von diesem Garten auf dem Land reicht der Blick über Schafweiden. Die verschiedenen Gehölze bieten einen gewissen Schutz und Kleintieren einen Lebensraum.

In der Stadt sind Hecken nicht nur zum Markieren der Grundstücksgrenzen sinnvoll. Ob laubabwerfend oder immergrün, sie bieten einer Vielzahl von Tieren einen Lebensraum.

Wie sich Permakultur-Gärten mit der Zeit verändern

Jedes Ökosystem unterliegt einem Muster: Viele Samen keimen und vollenden ihren Lebenszyklus innerhalb eines Jahres. So kann in wenigen Monaten ein produktiver Garten entstehen. Das Pflanzen von Bäumen und Sträuchern zeigt erst im Lauf mehrerer Jahre Wirkung, sowohl was die Ernte ihrer Früchte betrifft als auch ihren Einfluss auf andere Pflanzen, denen sie Schatten und Schutz bieten. Außerdem nehmen sie mit der Zeit immer mehr Platz in Anspruch.

Zu Anfang mag ein Permakultur-Garten aufgeräumt wirken. Dann wachsen dort hauptsächlich einjährige Kulturen und einige neu gepflanzte Obstbäume und -sträucher. Je nach den Gegebenheiten kann es sinnvoll sein, aus nicht natürlichen Materialien einen Windschutz zu errichten. Dieser stoppt den Wind und die Heckenpflanzen wachsen schneller. Bäume werden meist als Setzlinge gepflanzt und brauchen zu Beginn wenig Platz. In den ersten Jahren können Sie dazwischen schnell wachsende, einjährige Nutzpflanzen anbauen.

Den Wasserbedarf abschätzen

Ein neu angelegter Garten muss meist regelmäßig gegossen werden. Eine frisch gesetzte Bepflanzung braucht Feuchtigkeit, um gut einzuwachsen. Und einjährige Nutzpflanzen brauchen generell regelmäßig Wasser. Sie wachsen sonst nicht gleichmäßig. Doch nach und nach wird der Wasserbedarf zurückgehen. Eingewachsene Bäume kommen ohne Gießen aus und der Boden wird durch das Anreichern mit organischen Materialien so verbessert, dass Sie nicht mehr so oft und so viel wässern müssen.

An den Wurzeln von Stangenbohnen leben Bakterien, die die Bodenfruchtbarkeit verbessern.

Entwicklungsphasen im Garten

Frühe Entwicklungsphase

Zu Beginn, wenn die Gehölze noch nicht genug Zeit hatten, sich zu etablieren, und Sie aus diesem Grund wahrscheinlich viele Einjährige pflanzen, werden sich die Bakterien im Boden stark vermehren, da sie darauf spezialisiert sind, nicht verholztes Material zu zersetzen. Einige Bakterien können Stickstoff aus der Luft aufnehmen und in eine pflanzenverfügbare Form umwandeln. Sie leben auf den Wurzeln bestimmter Pflanzen, vor allem Hülsenfrüchten wie Erbsen, Bohnen oder Erdnüssen.

Mittlere Entwicklungsphase

Wenn die Wurzeln der Gehölze sich weiter ausgebreitet haben, spielen Pilze eine immer wichtigere Rolle. Sie zersetzen Lignin und sind vor allem auf Obstwiesen und in Waldgärten zu finden.

Späte Entwicklungsphase

Ein eingewachsener Garten bleibt ein dynamisches System. Veränderungen in der Umgebung oder unerwartete Wetterphänomene fördern einige Arten, sodass die Ernte jedes Jahr anders ausfällt. Insgesamt bleibt das System aber lebendig und kann sich größtenteils selbst erhalten.

In einem eingewachsenen Permakultur-Garten gedeihen die unterschiedlichsten Pflanzen – von Nutzpflanzen bis zu Blumen, die bestäubende Insekten anlocken und die Artenvielfalt erhöhen.

Informationen sammeln

Einen Garten anzulegen ist ein Prozess. Für eine gute Umsetzung der Permakultur ist eine praktische Annäherung an die Gestaltung notwendig: Sie wollen das Beste aus Ihrer Fläche herausholen und gleichzeitig das Ökosystem und seine nähere Umgebung fördern.

Der erste Schritt: Bestandsaufnahme

Bei jeder Gartengestaltung ist ein Plan der Ausgangspunkt. Je besser Sie über die Stärken und Schwächen des Grundstücks Bescheid wissen und darüber, wie Sie es nutzen können, desto besser können Sie Ideen für Ihren Garten entwickeln. Prüfen Sie die Ausrichtung des Grundstücks, ob es Senken oder Hügel gibt, welche Bereiche im Wind liegen, wo bereits natürliche Schutzelemente existieren und welche Ecken sonnig oder schattig, feucht oder trocken sind.

Wissenswertes festhalten

Außerdem ist es sinnvoll, vom Grundstück Fotos zu machen und so viele Informationen wie möglich festzuhalten. Machen Sie eine einfache Skizze von dem, was Sie vorfinden, und markieren Sie Elemente wie das Wohnhaus und andere Gebäude, die nicht verändert werden können. Fertigen Sie eine zweite Zeichnung an, in der Sie vermerken, welche Elemente Sie gestalten möchten, z. B. Gewächshäuser oder Folientunnel, eine Obstwiese, einen Hühnerstall oder einen Teich. Denken Sie dabei sowohl an die nahe wie die ferne Zukunft.

Die Fläche im Überblick

1 Machen Sie Inventur

Halten Sie alle negativen Aspekte des Grundstücks fest, die Sie ändern wollen. Das können sein:

- defekter Zaun
- Schatten unter überwuchertem Baum
- unbedeckter Boden, wahrscheinlich nährstoffarm

2 Prüfen Sie das Grundstück

Halten Sie Elemente, die Sie gerne hätten, auf einem »Wunschzettel« fest:

- Folientunnel für empfindliche Pflanzen
- Teich für Wassertiere
- sonniger Sitzplatz zum Entspannen
- Kompostbehälter

3 Sortieren Sie nach Aufwand

Notieren Sie alle gewünschten Veränderungen auf einer Liste, und zwar in der Reihenfolge, wie einfach oder aufwendig sie umzusetzen sind.

Beginnen Sie die Liste mit dem, was nicht oder nur mit großem Aufwand zu ändern ist. Dazu gehören das Klima der Region und Elemente, die außerhalb Ihres Gartens liegen, wie hohe Gebäude oder Bäume. Veränderungen, die leichter umzusetzen sind, kommen ans Ende der Liste. Diese Liste dient als Grundlage für den Aktionsplan und für das Zeitmanagement.

Beispiel für eine Aufwandsliste

- Klima: nicht änderbar; große Bäume im Nachbargarten werfen Schatten.
- Geländeform: ohne schwere Maschinen kaum zu verändern.
- Zugang: Wege anlegen.
- Wasserversorgung: Behälter zum Sammeln von Regenwasser an möglichst vielen Orten aufstellen.
- Tier- und Pflanzenwelt: Artenvielfalt erhöhen.
- Kleinklima: schützende Strukturen anlegen.
- Bodenfruchtbarkeit: Bodenprobe machen und organisches Material ausbringen.

Den Garten beurteilen

Den Garten in Zonen unterteilen

Die Zeichnung stellt dar, wie die Einteilung in Zonen (S. 13) sowohl in großen wie auch in kleinen Gärten verwirklicht werden kann.

Größere Gärten, in denen Platz für Tierhaltung ist, können als landwirtschaftlicher Betrieb betrachtet werden, auch wenn es nicht möglich ist, dort vollständig als Selbstversorger zu leben.

Zone 1

Legen Sie diese direkt am Wohnhaus an und zwar so, dass der Blick über das Grundstück frei bleibt. In den Kräuter- und Gemüsebeeten hinter dem Haus wird angebaut, was täglich frisch in der Küche verwendet werden soll.

Zone 2

Haben Sie einen Hühnerstall, sollte dieser gut geschützt sein. Die Tiere sollten in Teilen des Nutzgartens herumlaufen können.

Zone 3

Lassen Sie Obst- und Nussbäume ungestört wachsen und bauen Sie eine möglichst große Vielfalt an, damit sich ein stabiles Ökosytem entwickeln kann.

Zone 4

Lassen Sie im äußeren Bereich des Grundstücks Bäume wachsen. Sie dienen als Schutz für die Fläche, bieten Vögeln Nistplätze und Fledermäusen Unterschlupf, produzieren Holz, das zum Verarbeiten oder Heizen benötigt wird, und schaffen eine erholsame Atmosphäre.

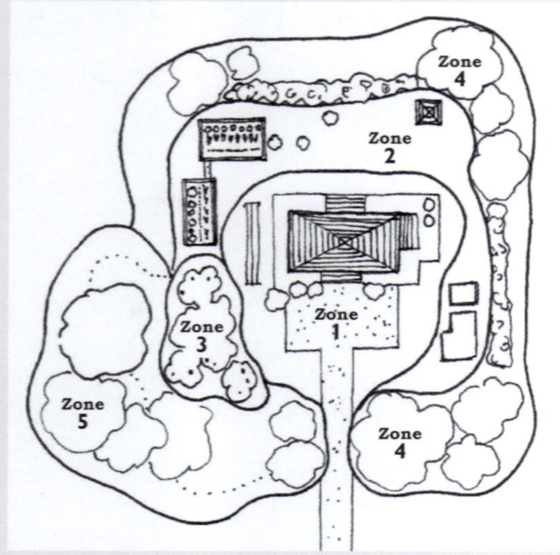

Kleine Gärten

Die Unterteilung in Zonen funktioniert auch auf kleiner Fläche. Im Beispiel sind die Zonen unterschiedlich auf der Fläche verteilt und die notwendige Infrastruktur wurde berücksichtigt. Ein gerader Fahrweg führt zum Haus, wo es einen Wendeplatz gibt. Die anderen Wege sind schmal gehalten, um möglichst viel anpflanzen zu können.

Zone 5

Lässt das Grundstück es zu, halten Sie größere Nutztiere in einem Auslauf, der vom Rest des Grundstücks getrennt ist.

Klimazonen & Gärten

Als Klima wird das wiederkehrende Wetter einer Region über mehrere Jahre bezeichnet. Es benötigt viele Jahre, um sich zu ändern. Dagegen wechselt das Wetter innerhalb kurzer Zeit.

Verschiedene Klimazonen

Gemäßigtes Klima

In dieser Klimazone gibt es vier Jahreszeiten, die sich durch große Unterschiede in Tageslänge und Temperatur auszeichnen. Die Temperaturextreme sind im Vergleich zu tropischen oder polaren Regionen eher moderat. Als mediterran wird die Zone bezeichnet, in der regenreiche Winter mit gelegentlichem Schneefall und heiße trockene Sommer herrschen. Der Begriff wird auch für Gebiete außerhalb des Mittelmeerraums verwendet, wie zum Beispiel für die Küstenregionen in Nordamerika.

Tropisches Klima

Als Tropen wird der Teil der Welt zwischen dem Wendekreis des Krebses und dem Wendekreis des Steinbocks bezeichnet. Die Temperaturen sind gewöhnlich sehr hoch, nur in größeren Höhen ist es kühler. Subtropisch werden Regionen genannt, die an die Tropen grenzen und in denen zeitweise tropische Bedingungen herrschen.

Arides Klima

Wüstenbedingungen können sowohl in gemäßigten wie in tropischen Regionen herrschen. Die Temperaturen können sehr unterschiedlich sein, aber das Charakteristische dieser Klimazone ist das Fehlen von Niederschlägen und die schnelle Verdunstung von Wasser. In einigen Wüstengebieten können die Temperaturen in der Nacht unter den Gefrierpunkt fallen.

Polares Klima

In der Arktis und der Antarktis sind die Tage im Winter sehr kurz und die Dauer der Vegetationsperiode ist vernachlässigbar. Die Landschaft ist karg, es wachsen hauptsächlich Gräser, Moose und Flechten sowie vereinzelt Bäume und Sträucher.

Maritime Bedingungen

Die Nähe zum Meer hat einen besonderen Einfluss auf die Temperatur. In Küstenregionen ist es im Winter meist etwas wärmer und im Sommer etwas kühler als im Binnenland. Im Sommer weht der Wind meist landeinwärts und die Temperaturen sinken. Im Winter dient das Wasser als Wärmespeicher und die Temperaturen sind höher.

Lokales Klima

Wer neu in eine Region zieht, kann sich im Internet über den Jahresdurchschnitt von Niederschlagsmengen, Temperatur, Luftfeuchtigkeit und Windgeschwindigkeiten informieren. Dort bekommt man auch Auskunft, wie sich das Klima in dieser Region verändert und wie die Wettervorhersage für die nächsten Tage ist.

Frostperioden sind typisch für gemäßigte Klimazonen.

Klimawandel

Über mehrere Jahre betrachtet kann das globale Klima wärmer oder kälter werden. Die Konzentration der Treibhausgase in der Atmosphäre hat einen Einfluss darauf, wie viel Sonneneinstrahlung auf der Erde reflektiert wird. Minimale Veränderungen können große Effekte auf die Biosphäre haben. Bestimmte Lebensformen profitieren vom Wandel, andere leiden darunter.

Klima und Wachstum

Im gemäßigten Klima
Mit der Tagundnachtgleiche im Frühling beginnt das neue Wachstum. Samen keimen, Pflanzen bilden neue Triebe und Blätter. Steigen die Temperaturen, bilden sich die ersten Blüten. Im Sommer setzen Blühpflanzen laufend Blüten und Samen an.

In heißen und trockenen Phasen während des Sommers ist das Pflanzenwachstum eingeschränkt. Früchte und Samen reifen und ihre Schale wird fester. In dieser Zeit setzen die meisten Obstgehölze die Knospen für das nächste Frühjahr an.

Im Herbst treten oft kalte und starke Winde auf. Die meisten Stauden und Kräuter stellen ihr Wachstum ein. Gehölze verlieren ihr Laub, das wie die Samen vom Wind verweht wird. Nicht winterharte Pflanzen sterben beim ersten Frost ab.

Im Winter haben die Pflanzen das Wachstum eingestellt. Sie befinden sich in einer Winterruhe. Nur während milder Perioden sind manchmal Lebenszeichen zu erkennen.

In den Tropen
Rund um den Äquator ist das Jahr in Regen- und Trockenzeiten unterteilt. Die Pflanzen wachsen mehr oder weniger die ganze Zeit. Eine Ausnahme bilden nur Phasen mit extremer Hitze. Auch Blüten und Früchte werden während des ganzen Jahres gebildet, manchmal sogar gleichzeitig an ein und derselben Pflanze.

Das Kleinklima in Ihrem Garten

Das Kleinklima kann selbst im winzigsten Garten sehr unterschiedlich sein. Das Wohnhaus und andere Gebäude wie Schuppen oder Garage werfen Schatten, bieten aber auch Schutz und haben einen Einfluss auf Temperatur, Windrichtung, Sonneneinstrahlung und Verfügbarkeit von Wasser und damit darauf, welche Pflanzen hier wachsen können.

Was ist das Kleinklima?

Unter Kleinklima versteht man eine Veränderung des normalen Klimas in einem kleinen oder abgeschlossenen Bereich. Um ein Grundstück bestmöglich gestalten zu können, ist es gut, vorhandene und mögliche Klein-klima-Zonen zu bestimmen. Dann können Sie entscheiden, wo Gewächshäuser, Schuppen oder Folientunnel am besten stehen sollten. Kleinklima kann man durch das Errichten von gebauten oder gepflanzten schützenden Elementen erzeugen, oder indem man Strukturen wie Zäune, Bäume, Hecken oder Gebäude entfernt.

Bedenken Sie, dass sich das Kleinklima im Lauf der Zeit verändert. Manchmal liegt dies an Veränderungen, auf die Sie keinen Einfluss haben, wenn etwa außerhalb Ihres Gartens ein neues Gebäude errichtet wird oder Bäume gepflanzt oder gefällt werden. Im Garten neu gepflanzte Bäume verändern das Kleinklima ebenfalls.

Himmelsrichtungen

Verschaffen Sie sich einen Überblick über die Himmelsrichtungen in Ihrem Garten. Dies gelingt am einfachsten, indem Sie feststellen, wo im Garten die Sonne untergeht. Da dies sowohl auf der Nord- wie auf der Südhalbkugel im Westen ist, liegen Gartenbereiche, die Licht von der untergehenden Sonne bekommen, in Richtung Westen. Anschließend können Sie die anderen Himmelsrichtungen davon ableiten. Markieren Sie diese Richtungen in Ihrem Grundstücksplan (S. 28) mit Pfeilen.

In kühleren Regionen lässt man Pfirsiche und Aprikosen möglichst vor sonnigen Südwänden wachsen.

Wasserflächen

Scheint die Sonne, verdunstet Wasser und kondensiert auf den Blättern der Pflanzen in unmittelbarer Umgebung der Wasserfläche. Außerdem reflektiert Wasser das Sonnenlicht, sodass die Fotosynthese-Rate der Pflanzen ansteigt.

Wasser wirkt wie ein Spiegel. Es reflektiert Licht.

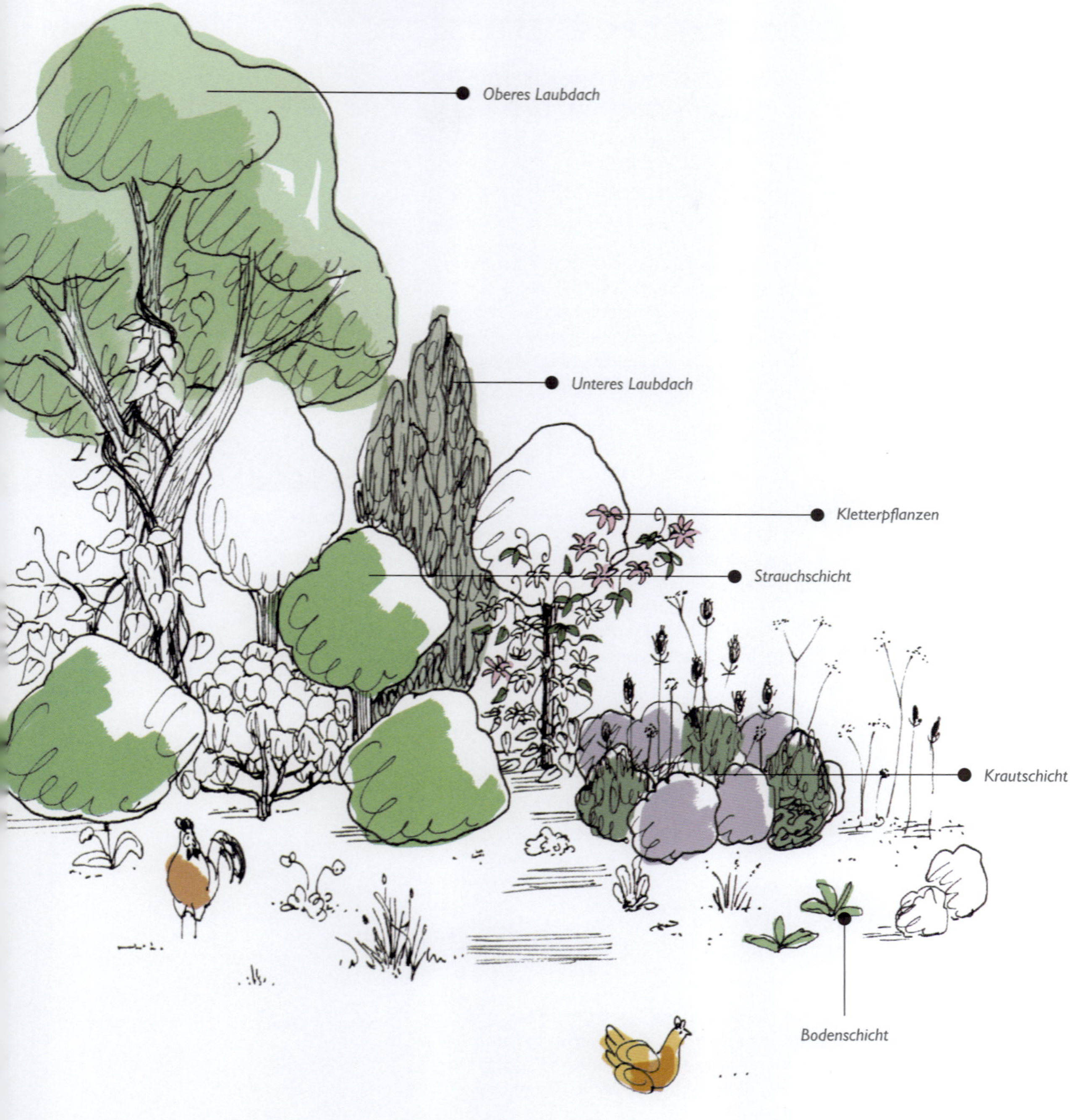

Eine eingewachsene Pflanzung

Durch die dichte Bepflanzung einer Fläche, die typisch für die Permakultur ist, entsteht ein eigenes Kleinklima. Die größeren Pflanzen schützen kleinere vor starkem Wind.

Pflanzen für Sonnenplätze

Gehölze

Aprikose

Pfirsich

Nektarine

Feige

Maulbeere

Mandel

Kletterpflanzen

Kiwi

Wein

Gemüse

Tomate

Chili

Aubergine

Paprika

Stangenbohne

Sonnige Plätze und Wände im Garten nutzen

In gemäßigtem Klima bietet eine Mauer oder Wand, die zur Sonne zeigt und im Sommer von mittags bis nachmittags – also zur heißesten Zeit – viel Licht bekommt, die Chance, Pflanzen anzubauen, die auf dem restlichen Grundstück den Winter nicht überstehen würden.

Wände und Mauern, die nach Westen ausgerichtet sind, heizen sich auf beiden Welthalbkugeln ab mittags bis zur Dämmerung auf. Auf der Nordhalbkugel liegen Südwände die meiste Zeit des Tages in der Sonne; auf der Südhalbkugel sind es die Wände, die nach Norden zeigen.

Zu viel des Guten?

Eine sonnige Hauswand ist der ideale Platz für einen Wintergarten oder ein Gewächshaus, das direkt vom Haus aus zugänglich ist. Dort können Sie tropische Pflanzen ziehen oder sich einfach entspannen. In sehr heißen Sommern können die Temperaturen jedoch sehr hoch werden. Die meisten Pflanzen tragen dann Verbrennungen davon, und zum Sitzen ist es dort dann zu warm. Mit einer Schattierung können Sie die Temperatur kontrollieren und extreme Unterschiede zwischen Tag und Nacht vermeiden.

Eine solche Wand kann auch für eine Pergola genutzt werden, an der Sie Echten Wein ranken lassen. Darunter können Sie einen schattigen Sitzplatz anlegen oder Pflanzen wachsen lassen.

Zäune, Sichtschutzelemente und ein gepflanzter **Windschutz** bieten Nutzpflanzen ebenfalls einen Schutz. In ihrer Umgebung steigt die Temperatur, aber sie speichern und reflektieren Hitze nicht im gleichen Maße wie Mauern.

Wände im Schatten

Wände, die im Schatten liegen, sind ebenfalls nützlich. Im Windschatten einer kühlen Mauer wird es nie zu heiß oder zu kalt. Viele Blattpflanzen wie Salat, Rauke oder Funkien (*Hosta*) wachsen hier gut. Außerdem verdunsten sie weniger Wasser und müssen seltener gegossen werden. Auch blühen Pflanzen im Schatten weniger. Die Blütenbildung verbraucht Energie, sodass die Pflanzen in dieser Zeit keine neuen Blätter bilden.

Die meisten Früchte reifen im Schatten nicht vollständig aus. Eine Ausnahme ist die Schattenmorelle (*Prunus cerasus* 'Morello'). Sie bildet dunkelrote Früchte, die man zum Kochen und Verarbeiten verwenden kann – roh sind sie recht sauer.

An einer sonnigen Wand sind empfindliche Blüten vor Spätfrösten geschützt. Die abgestrahlte Wärme sorgt dafür, dass Früchte vollständig ausreifen.

Die Geländeform des Gartens

Mit dem allgemein gehaltenen Begriff »Geländeform« beschreiben Geografen, welche Gestalt eine Fläche hat und welche Strukturen der Bereich beinhaltet.

Stellen Sie fest, wie Ihr Grundstück geformt ist. Achten Sie dabei auf Senken und Erhebungen, aber auch auf begrenzende Zäune, Mauern oder Hecken und den Standort des Hauses. Selbst ein kleiner Stadtgarten auf einem ebenen Grundstück hat eine Geländeform, da er an Einfriedungen und an Stellen, an denen Holzdecks oder eine Terrasse an einen Rasen oder ein Beet grenzen, leichte Höhenunterschiede hat.

Die Geländeform beeinflusst, wie das Wasser fließt, wo es sich in Senken oder Löchern sammelt, sodass dort dauerhaft feuchte Bereiche entstehen. Sie beeinflusst auch, wie der Wind geleitet wird, und ob er Erosion verursacht. Beim Anlegen eines Permakultur-Gartens kann es passieren, dass Sie die Geländeform verändern, zum Beispiel indem Sie einen Teich oder Hochbeete anlegen oder einen Folientunnel aufstellen. Überprüfen Sie Ihre Beobachtungen zur Geländeform von Zeit zu Zeit.

Auf geneigter Fläche

Eine Mischpflanzung aus Bäumen, Sträuchern und Stauden neben dem Haus nimmt das überschüssige Wasser auf und bewahrt das Haus vor Feuchtigkeit. Hohe Bäume schützen niedriger bleibende Sträucher vor Sonne.

Die Flächen in Richtung Graben sind mit Feuchtigkeit liebenden Stauden bepflanzt.

Wasser fließt immer nach unten. Hier wurden auf der höchsten Stelle des Grundstücks Regenwassertanks aufgestellt. Von dort fließt das Wasser in Richtung Graben.

An die Regenrinne ist eine Regentonne angeschlossen, in der Wasser gesammelt wird.

Frostsenken

Bei einer Frostsenke sammelt sich kalte Luft an einem Punkt im Gelände. In kalten Regionen entstehen sie im Winter in bestimmten Bereichen des Gartens.

Frost kann empfindliche Pflanzen schädigen. Daher ist es wichtig, Frostsenken im Garten zu kennen. Im Frühjahr friert es nach klaren, sonnigen Tagen nachts oft. Empfindliche Pflanzen sterben dann ab.

Hier sind Frostsenken wahrscheinlich:

- In Senken oder Vertiefungen, egal in welcher Lage des Grundstücks
- Wo Hänge auf Wände oder andere feste Hindernisse stoßen

Frostsenken vermeiden

So vermeiden Sie Frostsenken neben festen Strukturen auf Hanggrundstücken:

1. Nutzen Sie durchlässige Materialien statt eines soliden Zauns.
2. Planen Sie unten am Zaun eine Lücke ein, durch die kalte Luft entweichen kann.
3. Lichten Sie die unteren Triebe von Heckenpflanzen aus. So kann die kalte Luft hindurchströmen.

Auf der Sonnenseite des Hauses wurde unter einer mit Kletterpflanzen berankten Pergola ein Sitzplatz angelegt.

Die **Hochbeete** vereinfachen das Gärtnern und Ernten. Sie profitieren von der Lage am Haus, das Schutz bietet und für ein warmes Kleinklima sorgt.

Auf der abgewandten Seite bietet eine Hecke Windschutz.

Eine Vertiefung nahe am Zaun ist wahrscheinlich eine Frostsenke.

Was Wind im Garten bewirkt

Wind, also bewegte Luft, ist eine wertvolle und kostenlose Ressource, die in Energie umgewandelt werden kann. In früheren Zeiten wurden Kornmühlen mit Wind betrieben. Die Windmühlen standen auf Hügeln oder in weitläufigen Landschaften. Auch für Pumpen zur Förderung von Wasser oder zum Butterstampfen wurde er genutzt. Heute sind in manchen Gegenden Windkraftanlagen ein vertrauter Anblick.

Die Wirkung von Wind

Auf bebauten Flächen ist Wind ein entscheidender Faktor, meist mit negativem Einfluss. Ein heftiger Windstoß vermag Äste von Gehölzen zu reißen oder ganze Bäume zu entwurzeln. Eisige Winde im Winter und zu Beginn des Frühlings können Pflanzen großen Schaden zufügen. Das gilt besonders, wenn diese gerade austreiben und der Wind die Blüten von Obstbäumen oder anderen Pflanzen zum Absterben bringt.

Wind hat auch Einfluss auf Gebäude und andere fest stehende Elemente wie Schuppen, Gewächshäuser oder Folientunnel. Um ein Haus zu heizen, das auf einer vom Wind umtosten Stelle steht, ist mehr Energie notwendig. Hier ist eine Isolierung sinnvoll. Um Schäden zu vermeiden, sollten Gebäude ohne Fundament nur in windgeschützten Bereichen aufgestellt werden.

Heftige Böen können außerdem einen Effekt auf die Bodenfruchtbarkeit haben, wenn die obere Bodenschicht durch den Wind abgetragen wird. Das kann vor allem bei leichten, sandigen Böden (S. 54) problematisch werden. In diesem Fall ist eine Gründüngung (S. 86) sinnvoll. Diese bedeckt im Herbst und Winter den Boden, der sonst brach liegen würde.

Auf exponierten Flächen leitet ein Windschutz aus hohen Bäumen und kleineren Sträuchern die Luft um. Innerhalb des Windschutzes entsteht eine geschützte Fläche mit wenig Wind. Sie kann zum Anbau genutzt werden, da die Pflanzen hier ungestört wachsen können.

Zu verschiedenen Jahreszeiten ist der Wind oft recht unterschiedlich: In gemäßigten Klimazonen ist er im Sommer eher sanft, gefolgt von heftigen Böen im Herbst. In den Tropen können Stürme zu jeder Jahreszeit vorkommen und heftige, teilweise lebensverändernde Wirkung haben.

Windschächte

Enge Durchgänge, die vom vorderen Teil Ihres Grundstücks zum hinteren Teil führen, sind nicht nur meist sehr schattig, sondern höchstwahrscheinlich auch »Windkanäle«, durch die die Luft mit hoher Geschwindigkeit weht. Solche Bereiche sind für nahezu alle Pflanzen ungünstig und werden am besten als Lagerfläche genutzt.

Gut zu wissen:
Sie müssen nicht das gesamte Grundstück vor Wind schützen. Ein windiger Bereich, der nicht zum Bepflanzen geeignet ist, kann der ideale Ort zum Trocknen von Wäsche sein. Sie können dann auf den Kauf eines teuren Wäschetrockners verzichten und gleichzeitig Strom sparen.

In der Natur ist es leicht, die vorherrschende Windrichtung zu bestimmen. Lehnen sich größere Bäume in eine Richtung? Stehen sie aufrecht und zeigen die Äste zu allen Seiten, weht der Wind aus verschiedenen Richtungen.

Windbrecher

Planen als Windbrecher benötigen wenig Platz und können sehr effektiv sein; sie sind aber meist aus Kunststoff und daher äußerst unansehnlich. Stoffe stoppen den Wind meist nicht vollständig, sondern filtern ihn, sodass er weniger stark weht.

Hecken aus Bäumen und Sträuchern bieten Tieren einen Lebensraum, es dauert jedoch meist viele Jahre, bis sie den Wind erfolgreich abmildern. Sie benötigen regelmäßige Pflege, und außerdem müssen absterbende Pflanzen oder solche, die nicht gut angewachsen sind, ersetzt werden. Wenn Sie einen Windbrecher aus einer Kunststoffplane hinter einer neu gepflanzten Hecke platzieren, haben Sie sofort einen Windschutz. Dieser hilft auch den Jungpflanzen, schneller zu wachsen. Nadelbäume sind als Jungpflanzen besonders empfindlich, denn der Wind trocknet die weichen Nadeln aus. Ist der natürliche Windschutz zur gewünschten Größe herangewachsen, können Sie die Planen entfernen.

Windbrecher und Hecken wirken auch bei Schneefall. Die Flocken sammeln sich auf der vom Wind abgewandten Seite und wässern den Boden, wenn sie schmelzen.

Vorteile von Windbrechern:

- Sie schützen Nutzpflanzen.
- Sie schaffen Lebensraum für Tiere.
- In der Stadt schützen sie vor Umweltverschmutzung durch Verkehr.
- Sie verhindern Bodenerosion.

Regenschatten im Garten

Nicht alle Bereiche eines Grundstücks werden bei Regen gleich nass. Das Wasser kann durch Hindernisse abgeleitet oder durch Wind verweht werden. Außerdem versickert es auf versiegelten Flächen oder offenem Boden unterschiedlich schnell.

Was ist Regenschatten?

Auf der windgeschützten Seite bleibt der Boden, der direkt an eine Mauer, eine Hecke, einen Zaun oder andere feste Strukturen grenzt, trotz Regen meist trocken. Im Rahmen der Bestandsaufnahme (S. 28) sollten Sie festhalten, wo Flächen im Regenschatten liegen. Denn wenn dort Pflanzen wachsen sollen, müssen sie wahrscheinlich zusätzlich gegossen werden. Ist es nicht möglich, in der Nähe eine Regentonne aufzustellen, wählen Sie für solche Flächen Pflanzen, die mit Trockenheit zurechtkommen (S. 52). Die zusätzliche Zeit, die Sie für das Gießen brauchen werden, sollte ebenfalls im Plan berücksichtigt werden.

Flächen vor Mauern oder Hauswänden sowie unter Hecken und Bäumen bekommen zwar weniger Wasser, dafür trocknet der Boden hier weniger schnell aus als in der Sonne. Nach starken Regenfällen mit anschließenden hohen Temperaturen, wie man sie von Sommergewittern kennt, verdunstet das Wasser auf offenen, sehr sonnigen Flächen sehr schnell. Dabei können jüngere Blätter Schaden nehmen.

Auf diese Mauerseite fällt kein Regen.

Mehltau & wie man ihn vermeidet

Mehltau tritt bei Pflanzen, die im Regenschatten von Mauern stehen, besonders oft auf. Die Pilzkrankheit wird durch trockenen Boden und stehende Luft zwischen den Pflanzenteilen begünstigt.

Mehltau zeigt sich vor allem im Spätsommer und Herbst als graue, pilzige Fläche auf Blättern und Trieben. Oft ist der Boden jetzt ausgetrocknet und außerdem sinkt zu dieser Zeit die Temperatur und die kühle Luft transportiert die Pilzsporen zur Pflanze, die nach und nach vollständig befallen wird.

So vermeiden Sie das Problem:

1. Ausdünnen von Trieben im Sommer, sodass die Luft besser zirkulieren kann.
2. Während Trockenperioden ausreichend gießen.
3. Aufbringen einer dicken Mulchschicht nach dem Gießen. Das verhindert die Verdunstung.
4. Resistente Arten und Sorten wählen.

Pflanzen in Töpfen

Das Wasser kann durch die Blumenerde im Topf frei ablaufen. Regelmäßiges Gießen ist bei Pflanzen in Töpfen deshalb wichtig. An heißen Tagen verdunstet das Wasser extrem schnell. Dann müssen Sie unter Umständen zweimal pro Tag gießen.

- Abends gießen, dann ist die Temperatur niedriger und das Wasser verdunstet langsamer.
- Lieber mit der Gießkanne als mit einem Schlauch gießen, sodass das Wasser nicht auf das Laub gelangt, sondern direkt in den Boden eindringt.
- Entfernen Sie die Brause von der Gießkanne. So trifft der Wasserstrahl die Erde besser.
- Richten Sie den Wasserstrahl auf die Basis der Pflanze, also auf die Stelle, an der der Haupttrieb aus der Erde kommt. So läuft das Wasser nicht davon.
- Stellen Sie die Pflanzen dicht an dicht. So wird die Verdunstung vermindert und es entsteht ein kühles Kleinklima.

Wo Sie am meisten gießen müssen

Wasser ist kostbar. Bei der Permakultur versuchen wir, wenig zu verbrauchen und den Transport über das Grundstück sinnvoll zu planen. Berücksichtigen Sie daher bei der Gartenplanung, wo Sie wahrscheinlich am meisten Wasser brauchen werden.

Welche Wasserquellen stehen zur Verfügung?

Am einfachsten bekommen Sie Wasser aus dem Hauptanschluss im Haus. Regenwasser können Sie an nahezu jedem Platz im Garten sammeln – vorausgesetzt, Sie haben ein geeignetes System. Ein Bach oder eine Quelle ist eine weitere Möglichkeit, an Wasser zu kommen. Allerdings können diese im Sommer trockenlaufen, also genau dann, wenn der Bedarf am größten ist. Eingewachsene Pflanzen kann man mit einer Mulchschicht schützen. Sie hält das Wasser im Boden. Obstgehölze benötigen kein zusätzliches Wasser, ihre Wurzeln sind so tief, dass sie sich selbst versorgen können.

Wann gießen?

Wie viel Wasser Pflanzen benötigen, hängt von ihrer Größe und dem Entwicklungsstadium ab.

- Keimlinge sind extrem empfindlich gegen Trockenheit. Sie müssen immer gleichmäßig feucht gehalten werden und regelmäßig kleine Wassergaben bekommen. Trocknen sie aus, sterben sie ab.
- Einjährige Nutzpflanzen wie Tomaten, Auberginen und Paprika brauchen in der Zeit der Fruchtbildung Wasser. Die Früchte werden sonst verkrüppelt. Bei sehr großer Trockenheit können sie sogar von der Pflanze abgestoßen werden.

Was regelmäßig Wasser braucht

Pflanzen, die regelmäßig gegossen werden müssen, sollten vor allem in Zone 1 (S. 13) eingeplant werden.

Pflanzen, die eine regelmäßige Bewässerung benötigen:

- Blattgemüse
- Fruchtgemüse: Tomate, Chili, Paprika, Aubergine, Gurke
- Beerenobst
- Nutzpflanzen in Töpfen
- Nutzpflanzen, die geschützt unter Glas oder Folie angebaut werden

Im Garten für Dränage sorgen

Nutzen Sie eine der vorgestellten Methoden, um herauszufinden, wie gut das Wasser in Ihrem Garten abfließt. So haben Sie einen Anhaltspunkt, welche Pflanzen wo am besten gedeihen werden.

Die Schlämmprobe

1

Füllen Sie ein Schraubglas zur Hälfte mit Boden aus Ihrem Garten.

2

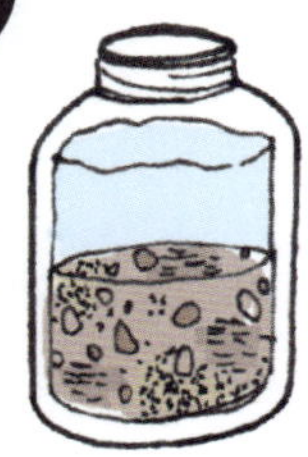

Füllen Sie es anschließend mit Wasser.

3

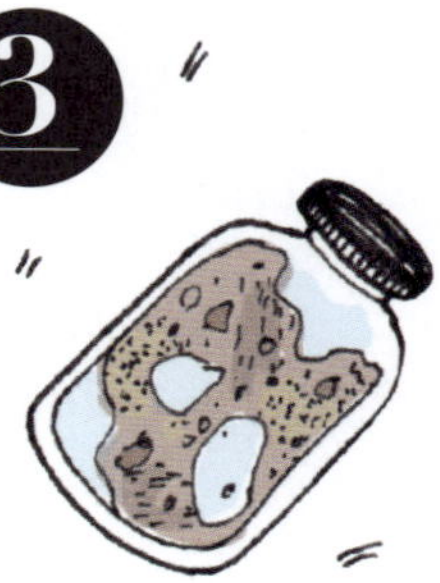

Schrauben Sie es fest zu und schütteln es kräftig.

4

Stellen Sie das Glas auf eine ebene Fläche. Nach etwa einem Tag hat sich die Erde in Schichten abgesetzt. An der Dicke der Schichten kann man die Qualität des Bodens ablesen.

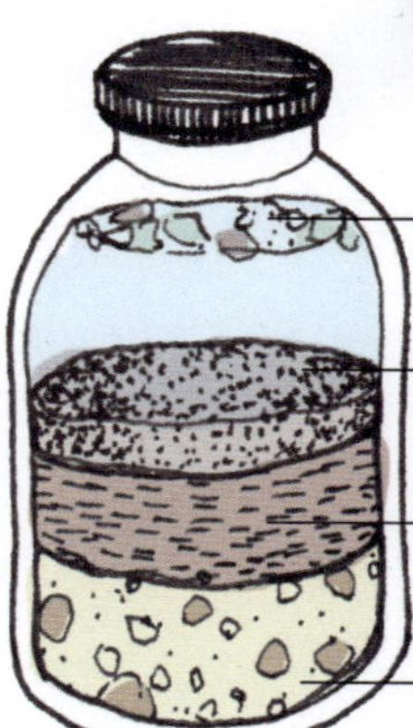

Was tun bei staunassen Böden?

Verdichteter, unbearbeiteter Boden kann leicht verbessert werden, indem man organische Substanz einarbeitet. Das kann Kompost, verrotteter Mist oder anderes biologisches Material sein. Oder Sie legen ein Mulchbeet an (S. 68) oder arbeiten mit Hochbeeten (S. 64).

Ein grüner Belag oder Moos auf der Bodenoberfläche ist ein Zeichen für Staunässe. Sie tritt meist auf schweren Lehmböden auf.

Unbearbeitete oder ungepflegte Böden können durch den Anbau von Kartoffeln verbessert werden.

Gut zu wissen:
In schattigen Gartenbereichen verdunstet Wasser langsamer als in sonnigen. Versiegelte Flächen nehmen Wasser nur schlecht auf oder leiten es je nach Hangneigung in bestimmte Bereiche.

Bodenfeuchtigkeit testen (Methode 1)

Die einfachste Methode ist es, Erde in die Hand zu nehmen und mit den Fingern fest zusammenzudrücken.

Bodenarten

Die Wasserdurchlässigkeit des Bodens hängt vom Anteil der folgenden Bestandteile ab.

Sand, Löss & Lehm

Sandböden sind körnig und fühlen sich rau an.

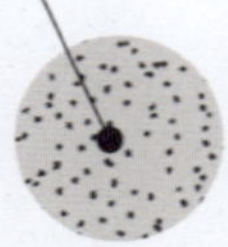

Lehmböden bestehen aus sehr feinen Teilchen. Sie fühlen sich klebrig an. Knetet man die Erde zu einem wurstförmigen Gebilde, fällt es nicht auseinander.

Lössböden enthalten feine Steinpartikel und fühlen sich weich an.

Wasserdurchlässigkeit testen (Methode 2)

1. Auf einer freien Fläche ein Loch von etwa 30–45 cm Tiefe graben.

2. Das Loch mit Wasser füllen.

3. Messen, wie schnell das Wasser abfließt. Mit einem Lineal wird die Messung genauer.

II. Permakultur praktisch: Ressourcen bestmöglich nutzen

Regel 3 – Nicht umgraben, sondern den Boden pflegen

Regel 4 – Wasser sparen

Regel 5 – Abfall vermeiden, weiterverwenden & wiederverwerten

Der Boden in Ihrem Garten

Ein Boden besteht aus verschiedenen Schichten, die bestimmen, wie fruchtbar er ist und wie gut das Wasser abfließt. Wer seinen Zustand genau betrachtet, weiß, welche Pflanzen am besten wachsen werden.

Was ist Boden?

Als Boden wird die oberste Schicht der Erdkruste bezeichnet. Es ist ernüchternd, wenn man darüber nachdenkt, dass die gesamte Pflanzenwelt von einer Schicht von gerade einmal 30 cm Dicke abhängt.

Der Boden besteht aus Lehm, Löss, Sand und Humus (verrottendem organischen Material). Ein guter Boden enthält zudem Luftporen und Wasser. Beides ist für das Wachstum von Pflanzen notwendig.

Außer durch einen Austausch ist es nur schwer möglich, den Boden auf die Schnelle langfristig zu verändern. In der Permakultur versucht man daher, die Bodenfruchtbarkeit auf lange Sicht zu erhalten, zu regulieren und zu verbessern.

Bodenschichten

Beim Anlegen von Gräben, zum Beispiel im Straßenbau, ist es möglich, die verschiedenen Bodenschichten zu sehen. Im Garten werden Sie solche tief reichenden Erdarbeiten selten vornehmen.

Die oberste Erdschicht nennt man Mutterboden. Sie enthält alles, was den Boden fruchtbar macht. Je höher der Humusanteil ist, desto aktiver ist das Ökosystem. Die Schicht ist bis zu 30 cm tief. Pflanzen nehmen die Nährstoffe in dieser Schicht durch Faserwurzeln auf.

Der Unterboden ist normalerweise etwas heller und enthält nur wenige Pflanzennährstoffe. Wurzeln in dieser Schicht dienen dem Halt der Pflanze.

Unterhalb des Bodens liegt der mineralische Untergrund. Ist dieser sehr solide, kann Wasser nicht ablaufen und es entsteht Staunässe.

Maulwürfe graben unterirdische Gänge und ernähren sich von Bodenorganismen.

Die Bodenlebewesen

In einem fruchtbaren Boden wimmelt es nur so von Mikroorganismen, die für das menschliche Auge nicht sichtbar sind. Viele davon haben keine Wirkung auf das Pflanzenwachstum, sind aber wichtige Bestandteile des Ökosystems. Andere haben einen positiven Einfluss auf die Gesundheit und Stärke von Pflanzen. Die wenigsten sind Krankheitserreger. Wenn Letztere im Garten auftreten, sollten Sie die befallenen Pflanzen durch resistente Sorten ersetzen.

Unter der Oberfläche besteht das Ökosystem Boden aus:

- Primärzersetzern (Pilze, Bakterien, Regenwürmer und andere): Sie zersetzen organische Substanz und wandeln sie in Humus um.
- Sekundärzersetzern (Milben, Springschwänze, Protozoen, Amöben und andere): Sie ernähren sich von den Primärzersetzern.
- Tertiärzersetzern wie Maulwürfe, Eidechsen und Schlangen: Sie haben unter den Bodenlebewesen keine direkten Feinde. Außerdem zeigen sie sich auch oberhalb der Erdoberfläche.

Diese Auflistung bietet nur einen Überblick. Fehlt eine der Gruppen, gibt das Aufschluss über den Zustand des Ökosystems. Ein Gleichgewicht, in dem keine Art dominiert, ist der Idealzustand.

Auf den folgenden Seiten werden Pflanzen vorgestellt, die einen besonderen Wert für die Permakultur haben. Sie sind nach Bodenarten sortiert.

Sauer oder basisch?

Ob ein Gartenboden sauer, basisch oder neutral reagiert, hängt von verschiedenen Faktoren ab.

Der Boden-pH-Wert wird auf einer Skala von 1–14 gemessen: Bei pH 7 gilt ein Boden als neutral. Liegt der Wert höher, wird er basisch genannt, liegt er niedriger, ist er sauer.

Die meisten Pflanzen wachsen auf basischen und sauren Böden. Einige vertragen jedoch keine Standorte mit basischem pH-Wert. Dazu gehören:

- Rhododendron
- Kamelie
- einige Heide-Arten (*Erica*, *Calluna* und *Daboecia*)
- Heidelbeere

Den pH-Wert verändern

Es war lange üblich, den pH-Wert des Bodens im Garten zu verändern, um bestimmte Pflanzen anbauen zu können. Bei der Permakultur wird stattdessen versucht, das Beste aus dem vorhandenen Boden herauszuholen. Langfristig kann jede Bodenart verbessert werden.

Auf einem Stück Totholz wächst Moos.

Pflanzen für Lehmböden

Lehmböden sind feucht und schwer, aber sehr fruchtbar. Sie können Wasser und die darin enthaltenen Pflanzennährstoffe gut speichern. In heißen, trockenen Perioden werden sie steinhart und können tiefe Risse bekommen. Im Winter dagegen sind sie oft matschig, und in Senken bilden sich Pfützen.

Pflanzen, die auf Lehmböden gut zurechtkommen, sind meist schnell wachsend und bilden ein kräftiges, tiefes Wurzelsystem. Gehölze sind ideal, denn sie nehmen überschüssige Feuchtigkeit aus dem Boden auf, sodass in ihrer Nähe auch feuchtigkeitsempfindlichere Pflanzen wachsen können. Im Internet findet man viele Pflanzen für Lehmböden. Die hier aufgeführten sind besonders für Permakultur-Gärten geeignet.

Tipps für Lehmböden:

- Gut geeignet sind grobe Mulchmaterialien wie Stroh.
- Stattdessen können Sie auch Rindenhumus verwenden.
- Neupflanzungen sollten Sie zum Winterende oder im Frühling vornehmen. Die Wurzeln liegen dann nicht den Winter über im nassen Boden.

Von oben nach unten: Zierapfel (*Malus*), Birke (*Betula*), *Ginkgo biloba*

Laubbäume

Botanischer Name	Deutscher Name	Gut zu wissen
Betula	Birke	Schnell wachsend; gut für Windschutzpflanzungen
Catalpa	Trompetenbaum	Blüte im Frühsommer, durch lang anhaftende Früchte auch im Winter attraktiv
Crataegus	Weißdorn	Blüte im Frühjahr; zieht Bestäuber an; Früchte im Herbst dienen als Vogelfutter.
Malus	Zierapfel	Blüte im Frühjahr; zieht Bestäuber an; Befruchter für andere Apfelsorten; trägt im Herbst Früchte, die verarbeitet werden können
Sorbus	Vogelbeere	Kleinere Bäume, die wenig Schatten werfen; Blüte im Frühjahr; zieht Bestäuber an; Früchte im Herbst als Vogelfutter

Nadelbäume

Botanischer Name	Deutscher Name	Gut zu wissen
Ginkgo biloba	Ginkgo	Laubabwerfend; weibliche Bäume bilden essbare Samen.
Taxodium distichum	Echte Sumpfzypresse	Laubabwerfend; hervorragend, wenn dem Boden Feuchtigkeit entzogen werden soll
Thuja plicata	Riesen-Lebensbaum	Geeignet für Hecken in Stadtgärten; nimmt Luftschadstoffe auf

Sträucher

Botanischer Name	Deutscher Name	Gut zu wissen
Berberis	Berberitze	Laubabwerfende und immergrüne Arten; dichter Wuchs; für Hecken geeignet; Blüte zieht Bestäuber an; Früchte im Herbst als Vogelfutter
Buddleja davidii	Schmetter-lingsflieder	Nektarreiche Blüten im Sommer dienen Schmetterlingen und anderen Insekten als Nahrung.
Cotoneaster	Zwergmispel	Laubabwerfende und immergrüne Arten; Blüte im Frühjahr zieht Bestäuber an; Früchte im Herbst dienen als Vogelfutter.
Ligustrum vulgare	Liguster	Insektenfreundliche heimische, wintergrüne Art, die gut als Hecke gezogen werden kann; Vogelnährgehölz
Mahonia	Mahonie	Blüte im Frühjahr; zieht Bestäuber an; Früchte im Sommer als Vogelfutter
*Rosa**	Rose	Geeignet für niedrigere oder frei wachsende Hecken; Blüte im Sommer; zieht Bestäuber an; Früchte im Herbst als Vogelfutter
Viburnum	Schneeball	Laubabwerfende und immergrüne Arten; gut für Wildhecken; blüht im Frühjahr; zieht Bestäuber an; Früchte im Herbst als Vogelfutter

Bodendecker

Botanischer Name	Deutscher Name	Gut zu wissen
Geranium	Storch-schnabel	Blüht ab Frühsommer; die Blüten sind essbar.

Kletter- & Rankpflanzen

Botanischer Name	Deutscher Name	Gut zu wissen
Lonicera	Geißblatt	Blüte im Frühsommer; zieht Bestäuber an; Früchte im Herbst als Vogelfutter
Pyracantha	Feuerdorn	Verträgt Hitze und exponierte Standorte; Blüte im Frühjahr; zieht Bestäuber an; Früchte im Herbst als Vogelfutter
*Rosa**	Rose	Blüte im Sommer; zieht Bestäuber an; Früchte im Herbst als Vogelfutter

Stauden

Botanischer Name	Deutscher Name	Gut zu wissen
Geranium	Storch-schnabel	Blüht ab Frühsommer; die Blüten sind essbar.
Helleborus	Christrose	Blüte im Winter; zieht Bestäuber an
*Hosta***	Funkie	Wächst gut im Schatten und in Kübeln; junge Triebe sind essbar.
Polygonum amplexicaule	Kerzen-Knöterich	Blüte im Sommer; zieht Bestäuber an

* Anmerkung: Einige Sorten sind empfindlich. Diese besser meiden
** Anmerkung: Anfällig für Schneckenfraß

Von oben nach unten: Schmetterlingsflieder (*Buddleja davidii*), Liguster (*Ligustrum vulgare*), Rose, Storchschnabel (*Geranium*)

Pflanzen für Kalkböden

Kalkböden werden manchmal als problematisch betrachtet, da einige Pflanzenarten auf ihnen nur kümmerlich wachsen, andere gar nicht. Kalkböden sind basisch, gut durchlässig, neigen zum Austrocknen und sind nährstoffarm. Die Schicht über dem Kalkboden kann unterschiedlich dick sein; je dicker sie ist, desto fruchtbarer ist der Boden.

Im Internet findet man viele Pflanzen, die gut auf Kalkböden wachsen. Die hier aufgeführten sind besonders für Permakultur-Gärten geeignet.

Von oben nach unten: Rosskastanie (*Aesculus*), Lavendel (*Lavandula*), Maulbeere (*Morus*)

Laubbäume

Botanischer Name	Deutscher Name	Gut zu wissen
Aesculus	Rosskastanie	Früchte im Herbst als Futter für Kleintiere
Carpinus betulus	Hain-Buche	Gute Heckenpflanze
Crataegus laevigata	Zweigriffeliger Weißdorn	Blüte im Frühjahr; zieht Bestäuber an; Früchte im Herbst als Vogelfutter
Malus	Zierapfel	Blüte im Frühjahr; zieht Bestäuber an; Befruchter für andere Apfelsorten; trägt im Herbst Früchte, die verarbeitet werden können
Morus	Maulbeere	Essbare Früchte im Herbst

Nadelbäume

Botanischer Name	Deutscher Name	Gut zu wissen
Ginkgo biloba	Ginkgo	Laubabwerfend; verträgt starken Rückschnitt; Samen der weiblichen Pflanzen sind essbar.
Larix	Lärche	Laubabwerfend; im Wechsel mit immergrünen Nadelgehölzen ergeben sie einen hervorragenden Windschutz.

Sträucher und Halbsträucher

Botanischer Name	Deutscher Name	Gut zu wissen
Buddleja davidii	Schmetterlingsflieder	Nektarreiche Blüten im Sommer dienen Schmetterlingen und anderen Insekten als Nahrung.
Lonicera	Heckenkirsche	Blüte im Sommer; zieht Bestäuber an; einige Arten eignen sich für niedrige Hecken.
Lavandula	Lavendel	Blüten im Frühjahr und Sommer; Blüten sind essbar und ziehen Nützlinge an.
Salvia rosmarinus	Rosmarin	Blüte im Frühjahr und Sommer; Blätter werden beim Kochen als Gewürz verwendet.

Von links nach rechts: Sonnenblume (*Helianthus*), Goldrute (*Solidago*), Kalifornischer Mohn (*Eschscholzia*)

Kletterpflanzen

Botanischer Name	Deutscher Name	Gut zu wissen
Hedera	Efeu	Blüte im Herbst zieht Bienen an; alte Pflanzen bieten Vögeln und Kleintieren im Winter Schutz.

Stauden

Botanischer Name	Deutscher Name	Gut zu wissen
Artemisia	Beifuß	Blüten ziehen Nützlinge an.
Aster	Aster	Blüten sind essbar und ziehen Nützlinge an.
Geranium	Storchschnabel	Essbare Blüten
Solidago virgaurea	Gewöhnliche Goldrute	Blüte im Sommer; zieht Bestäuber an. Achtung: Die kanadische Art ist invasiv.

Einjährige

Botanischer Name	Deutscher Name	Gut zu wissen
Cosmos bipinnatus	Kosmee	Blüte im Sommer; zieht Bestäuber an
Eschscholzia	Kalifornischer Mohn	Blüte im Sommer; zieht Bestäuber an
Godetia/ Clarkia	Sommer-Azalee	Blüte im Sommer; zieht Bestäuber an
Helianthus	Sonnenblume	Blüte im Sommer; zieht Bestäuber an; Samen essbar oder als Vogelfutter
Myosotis	Vergissmeinnicht	Blüte im Frühjahr; zieht Bestäuber an

Tipps für Kalkböden:

- Mulchen Sie regelmäßig mit organischem Material.
- Wählen Sie beim Pflanzenkauf lieber kleinere Exemplare. Sie wachsen besser an als größere.
- Beobachten Sie aufmerksam, wann gegossen werden muss, da das Wasser auf Kalkböden sehr schnell versickert.

Pflanzen für Sandböden

Sandböden sind durchlässig und leicht, außerdem sind sie angenehm zu bearbeiten. Sie sind eher nährstoffarm, da das schnell abfließende Wasser die Nährstoffe auswäscht. Eine Mulchschicht aus organischem Material hält das Wasser im Boden und steigert die Fruchtbarkeit. Sandböden erwärmen sich schnell. Ein warmer, sonniger Gartenbereich mit Sandboden eignet sich für mediterrane Pflanzen wie Rosmarin oder Lavendel. Diese vertragen es nicht, wenn ihre Wurzeln ständig feucht sind.

Im Internet findet man viele Pflanzen, die gut auf Sandböden gedeihen. Die hier aufgeführten sind besonders für Permakultur-Gärten geeignet.

Tipps für Sandböden:

- Arbeiten Sie beim Pflanzen organisches Material in den Boden ein.
- Um die Bodenfruchtbarkeit zu steigern, verwenden Sie organische Dünger wie Hornspäne.
- Halten Sie Setzlinge nach dem Pflanzen immer feucht.
- Sorgen Sie für Windschutz. Er verhindert, dass die oberste Bodenschicht abgetragen wird.

Oben links: Rosmarin (*Rosmarinus*), unten links: Eisenkraut (*Verbena*)
Rechts: Kugeldistel (*Echinops ritro*)

Nadelbäume

Botanischer Name	Deutscher Name	Gut zu wissen
Chamaecyparis lawsoniana	Lawsons Scheinzypresse	Gut zum Einfassen von Flächen
× *Cupresso-cyparis leylandii*	Leyland-Zypresse	Gut zum Einfassen von Flächen und als Windschutz
Pinus	Kiefer	Nutzpflanze, die Material für Holzarbeiten liefert

Sträucher

Botanischer Name	Deutscher Name	Gut zu wissen
Buddleja davidii	Schmetterlingsflieder	Nektarreiche Blüten im Sommer dienen Schmetterlingen und anderen Insekten als Nahrung.
Elaeagnus	Ölweide	Wintergrün; für Hecken geeignet; verträgt Lebensbedingungen an der Küste

Kleinsträucher

Botanischer Name	Deutscher Name	Gut zu wissen
Artemisia	Eberraute	Blüte im Sommer; zieht Nützlinge an
Calluna vulgaris	Besenheide	Immergrün; braucht sauren Boden; Blüte im Spätsommer; zieht Bienen an; gut für Imker
Erica carnea	Schneeheide	Immergrün; blüht vor allem im Winter; Blüte zieht Bienen an; gut für Imker
Hyssopus officinalis	Ysop	Blüte im Sommer; zieht Nützlinge an; Gewürz
Lavandula	Lavendel	Blüte im Sommer; zieht Nützlinge an; essbare Blüten
Salvia rosmarinus	Rosmarin	Blüte im Frühjahr; zieht Nützlinge an; Blätter werden zum Kochen verwendet.

Kletterpflanzen

Botanischer Name	Deutscher Name	Gut zu wissen
Vitis vinifera	Weinrebe	Blüte im Sommer; zieht Nützlinge an; Obstgehölz

Stauden

Botanischer Name	Deutscher Name	Gut zu wissen
Eryngium foetidum	Langer Koriander	Wurzeln und junge Blätter sind essbar; Blüten ziehen Nützlinge an; bei uns einjährige Kultur oder Überwinterung im Wintergarten
Echinops ritro	Kugeldistel	Blüte im Sommer; zieht Bienen und andere Insekten an
Verbena	Eisenkraut	Blüte im Sommer; zieht Nützlinge an

Pflanzen für staunasse Böden

Wasser ist lebensnotwendig für Pflanzen; aber auch die im Boden gespeicherte Luft ist wichtig für das Wachstum. In staunassem Boden herrscht Sauerstoffmangel und die Wurzeln können nicht wachsen; oft verfaulen sie sogar. Doch es gibt Pflanzen, die auf staunassen Böden gut gedeihen und dem Boden die überschüssige Feuchtigkeit entziehen.

Im Internet findet man viele Pflanzen, die gut auf staunassen Böden wachsen. Die hier aufgeführten sind besonders für Permakultur-Gärten geeignet.

Tipps für staunasse Böden:

- Verteilen Sie möglichst viel organisches Material, auch zwischen den Pflanzen.
- Achten Sie beim Pflanzen darauf, den Boden und die Seiten des Pflanzlochs nicht zu verdichten. Lockern Sie den Boden mit einer Grabegabel, die Wurzeln können sich dann besser entwickeln.
- Bäume werden am besten auf einen kleinen Hügel gepflanzt; das Wasser kann dann rund um die Feinwurzeln nahe der Erdoberfläche besser ablaufen.

Laubbäume

Botanischer Name	Deutscher Name	Gut zu wissen
Aesculus pavia	Rote Rosskastanie	Früchte im Herbst; gut als Nahrung für Kleintiere
Amelanchier	Felsenbirne	Blüte im Frühjahr zieht Bestäuber an; Früchte im Herbst als Vogelfutter, aber auch zum Einkochen
Crataegus laevigata	Zweigriffliger Weißdorn	Blüte im Frühjahr zieht Bestäuber an; Früchte im Herbst als Vogelfutter; gut für Wildhecken
Mespilus germanica	Echte Mispel	Früchte im Herbst/Winter; essbar
Pyrus	Birne	Blüte im Frühjahr zieht Bestäuber an; Früchte im Herbst als Vogelfutter
Salix	Weide	Verträgt starken Rückschnitt; traditionelles Material zum Korbflechten oder Zaunbau; gut als Windschutz
Tilia	Linde	Verträgt Kopfschnitt (S. 88)

Nadelbäume

Botanischer Name	Deutscher Name	Gut zu wissen
Taxodium distichum	Sumpfzypresse	Laubabwerfend; gut geeignet, um feuchte Flächen zu entwässern
Thuja plicata	Riesen-Lebensbaum	Für Heckenpflanzungen geeignet, vor allem in der Stadt, wo eine dichte Pflanzung gewünscht ist, nur geringer ökologischer Nutzen

Von links nach rechts: Schlehdorn (*Prunus spinosa*), Echte Mispel, Hartriegel

Sträucher

Botanischer Name	Deutscher Name	Gut zu wissen
Berberis × stenophylla	Schmalblättrige Berberitze	Blüte im Frühjahr zieht Bestäuber an; Früchte im Herbst als Vogelfutter
Cornus alba	Weißer Hartriegel	Verträgt starken Rückschnitt; Äste können als Pflanzstäbe verwendet werden.
Prunus spinosa	Schlehdorn	Blüte im Frühjahr zieht Bestäuber an; Früchte im Herbst (Schlehen) können zum Kochen oder zum Aufsetzen von Likören verwendet werden; kreuzt sich manchmal mit Pflaumen, es entstehen Pflanzen mit kleineren, aber ebenfalls essbaren Früchten.

Stauden

Botanischer Name	Deutscher Name	Gut zu wissen
Lythrum salicaria	Blutweiderich	Blüte im Sommer zieht Bestäuber an.
Hosta	Funkie	Gedeiht im Schatten; junge Triebe sind essbar; anfällig für Schneckenfraß

Den Boden pflegen

Sich mit dem Boden zu beschäftigen ist äußerst faszinierend, denn er ist die Quelle unser gesamten Nahrung. Die Pflege des Bodens ist einer der wichtigsten Aspekte, wenn Sie ein funktionierendes Permakultur-System aufbauen wollen. Jede Bodenart kann durch das Mulchen mit organischem Material verbessert werden. Und selbst auf vernachlässigten Flächen können Sie die Fruchtbarkeit steigern.

Die Rolle der Regenwürmer

Regenwürmer leben in fast allen Bodenarten. Sie ernähren sich von abgestorbenem Pflanzenmaterial, lassen lebende Pflanzen jedoch unberührt. Durch das Graben von Gängen verbessern sie die Bodenstruktur und durch das Zersetzen von Abfallmaterial die Bodenfruchtbarkeit. Regenwürmer sind das ganze Jahr über aktiv, bei Kälte oder Hitze aber etwas weniger. Einige Arten kommen zum Fressen nachts an die Oberfläche und ziehen dann Pflanzenteile in ihre Gänge.

Vulkanasche

So verheerend die Zerstörung durch einen Vulkanausbruch auch ist, danach ist der Boden durch die Lava mit Eisen, Phosphor und Kalium angereichert – Stoffe, die Pflanzen zum Wachstum benötigen. Einige der fruchtbarsten Agrarflächen liegen im Schatten von Vulkanen. Vulkanasche können Sie abgepackt kaufen. Sie wird zum Verbessern des Gartenbodens verwendet oder in den Komposthaufen gemischt.

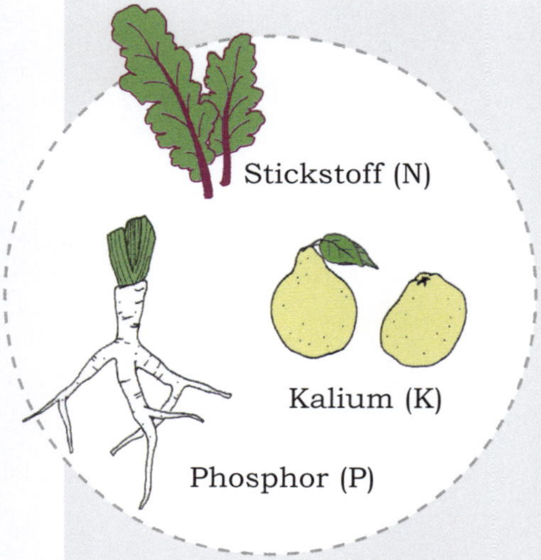

Pflanzennährstoffe

Drei Hauptnährstoffe sind für das Pflanzenwachstum notwendig. Sie sind in unterschiedlichen Mengen in allen guten Böden enthalten.

- Stickstoff (N) sorgt für üppiges Blattwachstum.
- Kalium (K) regt die Bildung von Blüten und Früchten an und sorgt für das Verholzen der Rinde im Sommer.
- Phosphor (P) unterstützt die Wurzelbildung.

Diese Nährstoffe sind neben den von den Pflanzen in kleineren Mengen benötigten Spurennährstoffen wie Magnesium (Mg) und Mangan (Mn) im Boden enthalten. In der konventionellen Landwirtschaft werden Haupt- und Spurennährstoffe meist in Form von Kunstdünger in den Boden eingebracht. Davon sind einige auch für Hobbygärtner erhältlich. In der Permakultur stammen alle Nährstoffe jedoch ausschließlich aus organischem Material.

Vielfalt sorgt für Vielfalt:
Je vielfältiger eine Fläche bepflanzt ist,
desto vielfältiger wird auch das Bodenleben.

Belasteter Boden

Manchmal sind Böden durch Chemikalien belastet. Liegt Ihr Garten auf einem Grundstück, das früher landwirtschaftlich genutzt wurde, kann es sein, dass sich noch Abbauprodukte von Pestiziden im Boden befinden. In extremen Fällen ist es notwendig, eine Bodenprobe zu machen, mit der man den Grad der Belastung bestimmen kann. In allen anderen Fällen nutzen Sie eine der folgenden Strategien:

- Ersetzen Sie den Mutterboden.
- Stellen Sie Hochbeete auf (S. 64) oder pflanzen Sie alles in Kübel.
- Bringen Sie eine Schicht organisches Material auf (siehe Mulchbeet anlegen S. 68).
- Bauen Sie keine Wurzel- oder Blattgemüse an. Sie nehmen Giftstoffe auf; besser sind Fruchtgemüse oder Körnerpflanzen.
- Nutzen Sie den belasteten Bereich zum Anbau von Zierpflanzen.

Im Lauf der Zeit sollte sich wieder ein gesundes Gleichgewicht einstellen. Je nachdem, wo die belastete Fläche liegt, können Sie sie auch als Standort für einen Schuppen, für einen Unterstand für Mülltonnen oder zum Trocknen von Wäsche nutzen.

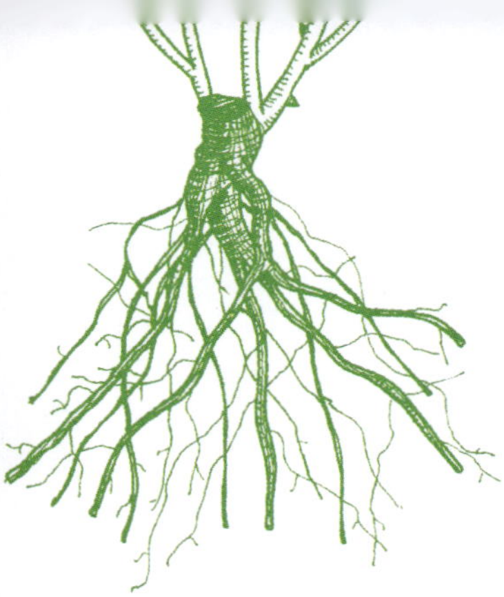

Mykorrhiza-Pilze

sind besonders förderlich, wenn wurzelnackte Pflanzen im Herbst gesetzt werden (siehe »Umgang mit wurzelnackten Pflanzen« S. 172). Sie unterstützen die Pflanze dabei, ein kräftiges Wurzelsystem auszubilden, während die oberirdischen Pflanzenteile in der Winterruhe sind. Das sorgt im Frühjahr für ein gutes Wachstum.

Das Wurzelwachstum fördern

Im konventionellen Anbau hat der Einsatz von mineralischen und tierischen Düngern die natürlichen Methoden der Bodenverbesserung ersetzt. Dabei stellt sich immer mehr heraus, dass ein gutes Pflanzenwachstum nur möglich ist, wenn die Wurzeln und das Ökosystem Boden in einer gesunden Beziehung zueinander stehen.

Mykorrhiza-Pilze von einem Wegerich ernten

Wegerich-Arten (*Plantago major*, *P. lanceolata*) werden im Rasen meist als Unkraut betrachtet. Doch ihre dicken Pfahlwurzeln sitzen voller Mykorrhiza-Pilze. Diese kann man ernten und bei der Pflanzung von neuen Gehölzen nutzen.

1. Eine Wegerich-Pflanze ausgraben. Je größer sie ist, desto besser ist das Wurzelsystem entwickelt.

2. Die lockere Erde von den Wurzeln abschütteln.

3. Die Pfahlwurzel von den oberen Pflanzenteilen trennen. Blätter und Stängel können auf einem kalten Kompost entsorgt werden (S. 72), Samenstände im Thermokomposter (S. 76).

4. Mit einem scharfen Messer die Wurzeln in Stücke schneiden – je feiner, desto besser.

5. Um die Mykorrhiza-Pilze anzufüttern, einen Teelöffel Knochenmehl unter die Wurzelstücke mischen. Verteilen Sie die Mischung bei der Pflanzung entweder auf dem Grund des Pflanzlochs (S. 173) oder unter den Wurzelballen (S. 173). Nur wenn die zerkleinerten Wegerichwurzeln Kontakt zu den Wurzeln haben, können sich die Mykorrhiza-Pilze darauf ansiedeln und vermehren.

Was sind Mykorrhiza-Pilze?

Mykorrhiza-Pilze helfen den Wurzeln, Nährstoffe aufzunehmen, und wehren schädliche Bodenlebewesen ab. Im Gegenzug erhalten die Pilze von der Wirtspflanze Zucker und Nährstoffe. Mykorrhiza-Pilze kommen im Boden natürlich vor und siedeln sich an den Wurzeln an. So erweitern sie das Wurzelsystem, und die Pflanze kann mehr Bodenwasser und die darin enthaltenen Nährstoffe aufnehmen. Mehr zu Mykorrhiza-Pilzen und anderen Pilzen finden Sie auf S. 20.

Mykorrhiza-Pilze kann man im Gartencenter oder im Internet als trockenes Granulat kaufen und es bei der Pflanzung von Gehölzen anwenden. Sie können die Pilze aber auch von bestimmten Pflanzen ernten. Wegerich zum Beispiel enthält viele Pilze und ist dafür geeignet.

Arbeit sparen: Die No-Dig-Methode

Manchmal lässt sich das Umgraben nicht umgehen. Pflanzlöcher müssen gegraben, Unkräuter entfernt und Dünger in die Erde gebracht werden. Auch wenn der Boden nach einem starken Regen oder durch das Betreten verdichtet ist, kann das Umgraben sinnvoll sein.

Wenn man den Boden als ein Ökosystem betrachtet, ist eine der wichtigsten Permakultur-Grundregeln, dass Störungen des fein abgestimmten Zusammenspiels von Mikroorganismen möglichst klein gehalten werden sollten. Außerdem kann das Umgraben vor allem auf schweren Böden harte Arbeit sein, und es braucht viel Zeit. Oft kann es sogar kontraproduktiv sein. Unkrautsamen in Keimruhe gelangen an die Erdoberfläche, beginnen zu keimen und müssen gejätet werden, bevor sie den Nutzpflanzen Konkurrenz machen. Sogar das Einarbeiten von organischem Material in den Boden zerstört seine Struktur.

Am meisten gräbt man beim Anlegen eines Gartens, wenn viele Pflanzlöcher ausgehoben werden müssen. Sind die Pflanzen erst einmal eingewachsen, sollten Sie andere Techniken anwenden.

Nicht graben, sondern mulchen

Mit Mulch bildet sich der Boden von oben nach unten neu, wenn Regenwürmer und andere Bodenorganismen das Material in tiefere Schichten ziehen. Geben Sie den Bodenorganismen Nahrung, wird der Boden fruchtbarer und die Pflanzen wachsen besser.

Kunstdünger versorgen Pflanzen auf die Schnelle mit Nährstoffen, das Mulchen verbessert den Boden langfristig und die Ernte wird mit den Jahren immer üppiger und qualitativ besser.

Die No-Dig-Methode:

- Spart Arbeit
- Erhält das bestehende Ökosystem
- Verbessert auf lange Sicht die Bodenfruchtbarkeit

Das Ökosystem Boden unterstützen

Alle Bodenarten profitieren vom Einarbeiten organischer Substanz. Planen Sie das Mulchen entsprechend der Pflanzen, die Sie anbauen möchten, ein.

Einjährige Nutzpflanzen

Verwenden Sie für einjährige Kulturen Kompost aus nicht verholzten Pflanzenteilen. Dieser fördert die Bakterien, die für die Pflanzengesundheit notwendig sind.

Obstgärten, Waldgärten, Hecken & Beerensträucher

In Obst- und Waldgärten, an Hecken und Beerensträuchern fördert Kompost aus verholztem Material die Pilze, die hier gedeihen.

Was ist Mulch?

Als Mulch bezeichnet man jede Art von Material, die man nutzt, um den Boden um eine Pflanze zu bedecken. Zersetzt sie sich, erhöht das die Bodenfruchtbarkeit. Außerdem hält Mulch die Feuchtigkeit im Boden und es muss weniger gegossen werden. Und weil Mulch Wasser und Luft im Boden hält, wird die Bodenstruktur verbessert.

Diese Materialien eignen sich:

- Kompost
- Stroh
- Verrotteter Mist
- Holzhäcksel
- Holzasche

Bringen Sie Mulch im Frühjahr, nach starkem Regen und im Herbst auf. So erhalten Sie die Bodenfruchtbarkeit für das folgende Jahr.

Anorganischer Mulch

Bei mediterranen Pflanzen eignet sich Kies zum Mulchen. Er reflektiert Wärme und Licht, was den Pflanzen zugutekommt. Auf schweren Böden verbessert er außerdem die Dränage.

Hochbeete

In Hochbeeten liegen die Erdoberfläche und damit auch die Pflanzen auf einer höheren Ebene. Das erleichtert nicht nur die Arbeit, wenn das Bücken schwerfällt, sondern fördert auch die Dränage auf problematischen Standorten. Je schmaler die Wege zwischen den Hochbeeten sind, desto mehr kann geerntet werden. Fast alle Nutzpflanzen können in Hochbeeten gezogen werden.

Gut zu wissen:
Im 20. Jh. waren Bahnschwellen ein beliebtes Baumaterial für Hochbeete. Sie sind allerdings nicht zu empfehlen, da sie mit giftigen Holzschutzmitteln imprägniert wurden. Diese können in den Boden ausgewaschen werden und die Bodenfruchtbarkeit langfristig verschlechtern.

Ein einfaches Hochbeet bauen

Aus alten Brettern können Sie ganz einfach ein Hochbeet bauen. Ein Pfahl in jeder Ecke dient der Stabilisierung. (Eine Bauanleitung finden Sie auf S. 102 im Kapitel »Ein Frühbeet selber bauen«.)

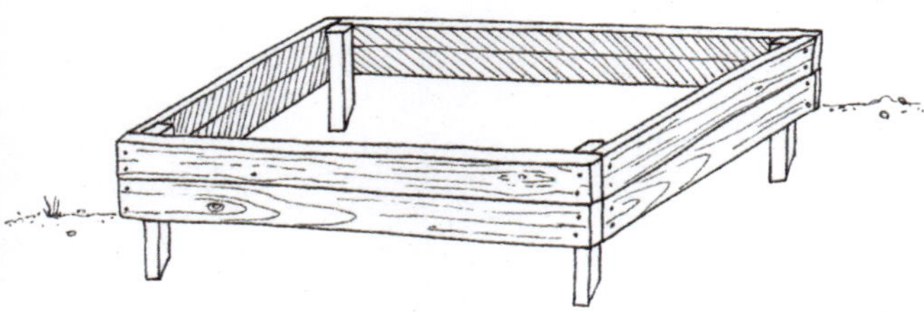

Spitzen Sie die Pfähle an. Sie können dann einfacher in den Boden gesetzt werden.

Hochbeete können auch in mehreren Stufen vor einen Zaun gebaut werden. Durch das vertikale Gärtnern nutzen Sie den vorhandenen Platz optimal aus.

Die Pflanzen setzt man nach der Wuchshöhe gestaffelt. So werden Sonne und Schatten bestmöglich ausgenutzt.

Die Ausrichtung eines Hochbeets

Platzieren Sie die Beete möglichst an einem sonnigen Standort und beeinflussen Sie mit der Auswahl geeigneter Pflanzen das Kleinklima. Beerensträucher stehen am besten am Rand. Sie schützen niedrigere Gemüsepflanzen. Eine andere Möglichkeit ist es, die Sträucher in die Mitte zu setzen und Blattgemüse wie Salat und Spinat in ihren Schatten zu pflanzen.

Ein Hochbeet aus Strohballen bauen

Da Stroh hervorragend isoliert, diente es auf dem Land oft als Baumaterial. Es wird mit Mist und Schlamm vermischt, sodass Lehmstampf entsteht, aus dem Wände gebaut werden können. Loses Stroh diente zum Decken der Dächer. Rund um den Äquator werden ähnliche Materialien – etwa Palmblätter – heute noch zum Bauen verwendet.

Was ist Stroh?

Stroh ist ein Nebenprodukt der Landwirtschaft. Es besteht aus den trockenen Halmen von Getreide, die übrig bleiben, wenn Körner und Streu abgetrennt wurden. Stroh wird als Futter und Einstreu für Tiere genutzt. Meist wird es zu großen, zylinderförmigen Ballen aufgerollt. Aus den kleineren, rechteckigen Ballen können Sie Hochbeete bauen.

So bauen Sie ein Hochbeet aus Strohballen

1. Legen Sie die Ballen in Rechteckform aus und schieben Sie sie dicht aneinander.

2. Innen wird der Boden des Beets mit Karton ausgelegt.

3. Das Beet mit einer Mischung aus Mutterboden (sofern vorhanden), Kompost und anderer Pflanzerde füllen. Alternativ können Sie auch Pflanzerde mit organischem Material vermischen.

4. Das Beet mit Jungpflanzen bepflanzen. Im Lauf der Zeit sackt das Stroh zusammen und verbessert den Boden für nachfolgende Kulturen.

Gut zu wissen:

Strohballen behalten ihre Form, wenn sie fest mit Schnur umwickelt werden. Damit Hochbeete aus Strohballen nicht auseinanderfallen, dürfen Sie diese Verschnürung nicht aufschneiden.

Ein Hügelbeet bauen

Ein Hügelbeet hat den Vorteil, dass Sie darin Gehölzschnitt entsorgen können. Außerdem ist durch seine Form die Fläche, die zum Bepflanzen zur Verfügung steht, vergrößert. Je nach Höhe des Hügels stehen einige Kulturen so hoch, dass das Ernten leichter fällt.

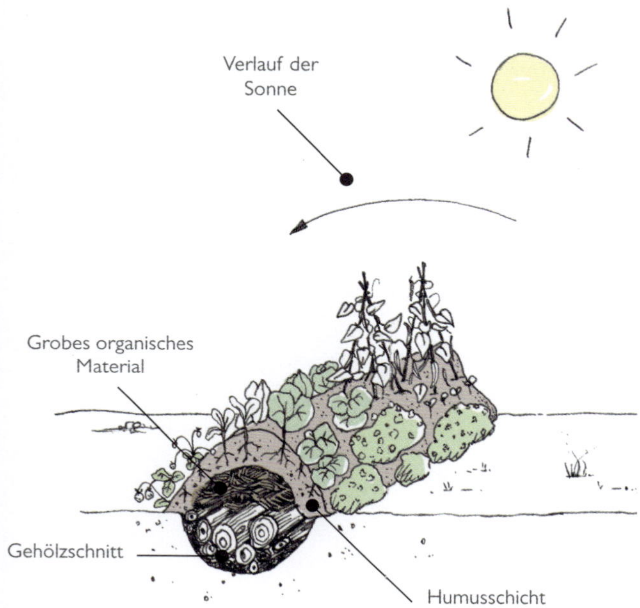

Was ist ein Hügelbeet?

Ursprünglich stammt diese Art Beete anzulegen aus Deutschland und Osteuropa. Heutzutage wird sie aber auch in Regionen mit wenig Niederschlägen angewendet oder bei trockenem Boden, denn es muss weniger gegossen werden.

Hügelbeete ahmen den natürlichen Prozess nach, der auf Waldböden stattfindet. Ältere Bäume verlieren Äste, die dann auf dem Boden von Pilzen zersetzt werden. Sie werden porös, speichern wie ein Schwamm Wasser, das Pflanzen oder anderen Lebewesen zur Verfügung steht. Durch herabgefallenes Laub und die Ausscheidungen von Vögeln, Fledermäusen und Kleintieren entsteht über den Ästen eine Humusschicht. Hügelbeete sollte man nicht gießen, da sonst Erde weggeschwemmt wird.

Die Ausrichtung

Wenn Sie das Hügelbeet in Nord-Süd-Richtung anlegen, entsteht eine besonders sonnige und eine schattige Seite. Sie können dann auf einer recht kleinen Fläche viele verschiedene Pflanzen anbauen. Setzen Sie Rauke und Salat auf die kühlere, schattige Seite; Buschbohnen und Erbsen auf die wärmere, sonnige Seite.

An einem Hang sollten Hügelbeete senkrecht und nicht parallel zum Gefälle ausgerichtet sein. Nur dann läuft der Regen auf beiden Seiten entlang und versorgt die Pflanzen gleichmäßig mit Wasser. Beachten Sie auch die Windrichtung. Steht das Beet senkrecht zu ihr, sind die Windschattenseite und der Streifen direkt daneben vor Wind geschützt.

Möchten Sie ein Hügelbeet auf einer Rasenfläche anlegen, stechen Sie die Rasensode ab und legen sie als zusätzliche Schicht auf den Gehölzschnitt.

Ausdauernde Kulturen

Niedrige und flach wurzelnde ausdauernde Kulturen sind besonders für Hügelbeete geeignet, da sie den Aufbau nur wenig stören. Bodendeckende Pflanzen stabilisieren die Form und verringern die Erosion.

Setzen Sie kriechend wachsenden Rosmarin und Thymian oder andere Kräuter auf die sonnigen Bereiche. Auf der anderen Seite werden Walderdbeeren, Minze und Funkien, deren junge Triebe essbar sind, gut gedeihen.

Im Lauf der Zeit wird das Holz abgebaut und der Hügel sackt zusammen. Die Fläche wird aber weiterhin fruchtbar sein und eine gute Ernte liefern.

Wenn ein Baum gefällt werden muss, ist ein Hügelbeet eine sehr gute Möglichkeit, das Holz zu verwerten. Auch wenn Sie Gehölze auf den Stock setzen oder einen Kopfschnitt machen (S. 88), sind Hügelbeete ideal, um das Schnittgut sinnvoll zu verwenden.

So bauen Sie ein Hügelbeet

1. Um einen Baum zu fällen, sägt man den Stamm mit einer Hand- oder Bügelsäge nahe am Boden ab und gräbt anschließend den Stumpf und die Wurzeln aus.

2. Den Stamm in kürzere Stücke teilen und die Äste entfernen.

3. Eine Furche der gewünschten Länge und Breite ausheben. Sie sollte nicht tiefer als der Mutterboden sein. 2 m x 60 cm ist eine gute Größe. Sammeln Sie den ausgehobenen Mutterboden auf einer Seite.

Den Graben mit dem Gehölzschnitt füllen. Auch die Wurzeln können genutzt werden.

4. Eine Schicht Stroh oder anderes organisches Material wie verrotteten Mist aufbringen.

5. Den Mutterboden auf das Stroh geben und mit der flachen Seite eines Spatens leicht festklopfen, um den Hügel zu stabilisieren.

6. Den Hügel mit geeigneten Kulturen bepflanzen. Am Kamm des Hügels läuft das Wasser schneller ab, hier sind Kräuter, die trockenen Boden vertragen, eine gute Wahl.

Das können Sie anbauen:

- Kräuter, Buschbohnen & Erbsen (sonnige Seite)
- Walderdbeeren, Minze, Funkien, Salat & Rauke (schattige Seite)

Das Mulchbeet

Das Mulchen von Flächen ist eine Methode, mit einfachsten Mitteln fruchtbaren Boden zu erhalten. Es ermöglicht eine Fläche zu bepflanzen, ohne den darunter liegenden Boden zu stören. So wird das Ökosystem geschont.

Wann ist diese Methode sinnvoll?

Ein Mulchbeet funktioniert ähnlich wie ein Hochbeet. Nutzen Sie es, um:

- ein Beet aufzufrischen, in dem mehrere Jahre verschiedene Fruchtfolgen angebaut wurden,
- aus einer Rasenfläche ein Beet zu machen,
- Boden mit viel Unkraut nutzbar zu machen,
- die Struktur eines verdichteten Bodens zu verbessern.

Die Vorteile eines Mulchbeets

Für das Anlegen eines Mulchbeets können Sie verschiedene Materialien verwenden. Diese müssen sich schnell zersetzen, aber für das direkte Bepflanzen geeignet sein. Unkräuter werden unterdrückt, die Keimung von Samen verhindert und der Boden langfristig verbessert.

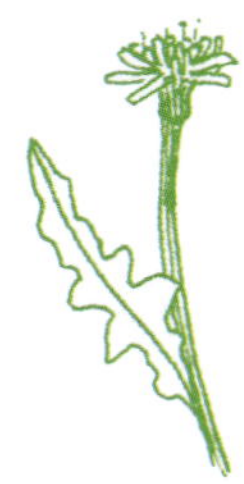

Ausdauernde Unkräuter loswerden

Widerstandsfähige Unkräuter wie Ampfer können die Mulchschicht durchdringen.

- Entfernen Sie den Mulch rund um das Unkraut vorsichtig und graben Sie es je nach Größe mit einer Handschaufel oder einer Grabegabel aus.
- Verteilen Sie den Mulch wieder über der Lücke oder füllen Sie neuen Mulch auf.
- Behandeln Sie die Unkräuter wie im Kapitel »Ausdauerndes Unkraut kompostieren« auf S. 79 beschrieben.

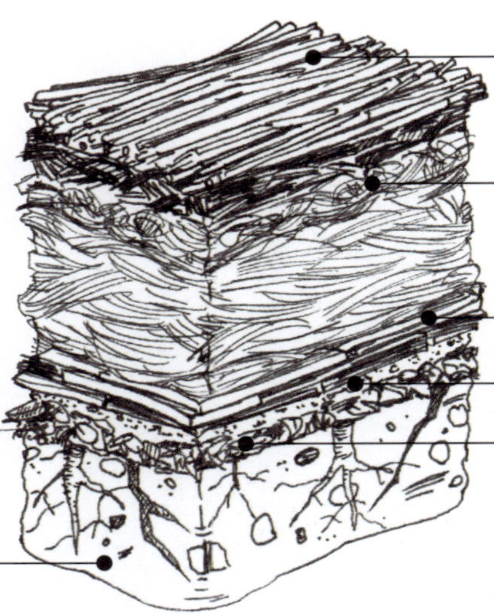

Ein Mulchbeet mit Pappe anlegen

1. Eine Lage dicke Pappe auf der Fläche ausbreiten.

2. Damit Unkräuter nicht durchdringen können, achten Sie darauf, dass sich die einzelnen Pappen etwa 10 cm überlappen.

3. Pappe mit einer Gießkanne befeuchten. Sie sollte durchdringend nass sein.

4. Auf die Pappe eine 15 cm dicke Schicht Kompost oder andere abbaubare Materialien aufbringen, zum Beispiel Holzhäcksel.

5. Damit der Mulch an Ort und Stelle bleibt, werden die Ränder mit Holzbrettern, Pflastersteinen oder großen Steinen (oder einer Kombination dieser Materialien) befestigt.

6. Jetzt kann das Beet bepflanzt werden.

Kompostieren – so gehts

Jeder gute Gärtner legt einen Komposthaufen an. Dies ist die beste Möglichkeit, Gartenabfälle wiederzuverwerten und wertvolle Nährstoffe im Garten zu halten. Kompost verbessert die Bodenfruchtbarkeit und -struktur. Außerdem muss weniger Abfall auf Deponien entsorgt werden, sodass weniger Treibhausgase freigesetzt werden.

Ist das Material zersetzt, hat es eine krümelige, faserige Struktur, riecht süßlich und ist ideal zum Verbessern des Bodens.

Was ist Kompostieren?

Kompostieren nennt man das Zersetzen von organischer Substanz durch Bakterien zu Stoffen, die das Pflanzenwachstum fördern. Dabei produzieren die Bakterien Wärme. Damit der Prozess effizient ablaufen kann und die Temperatur gleichmäßig hoch bleibt, sollte ein Komposthaufen mindestens 1 m^2 groß sein. Haben Sie nicht genug Platz, kann eine Wurmkiste (S. 106) eine Alternative sein.

Der beste Ort für einen Komposthaufen

Kompostbehälter, die man nicht täglich füllen möchte, werden meist in Zone 2 (S. 13 und 30) aufgestellt. Ideal ist ein Platz nahe Zone 1. So ist der Kompost von dem Bereich, in dem intensiv gegärtnert wird, gut erreichbar.

Das 3-Behälter-System

Wenn Sie genug Platz haben, stellen Sie drei Behälter nebeneinander auf. Jeder enthält Material in verschiedenen Stufen der Umsetzung.

Ist ein solches System etabliert, enthält Behälter 3 den fertigen Kompost.

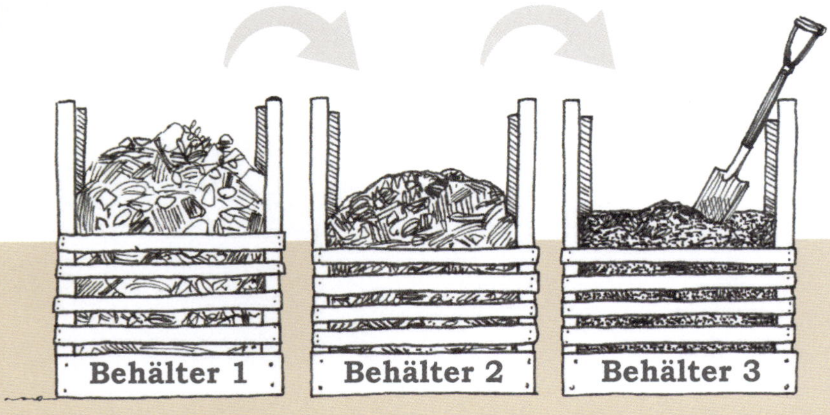

Behälter 1 mit Gartenabfällen füllen.

Ist dieser teilweise zersetzt, Behälter 2 damit füllen. Behälter 1 weiter mit frischen Gartenabfällen füllen.

Sind die Materialien in Behälter 2 kompostiert, in Behälter 3 umlagern.

Was kompostiert wird

Grünes Material

- Rasenschnitt
- Weiche Stiele und Blätter (auch einjährige Unkräuter)
- Welke Schnittblumen
- Obst
- Gemüse
- Ungekochte Küchenabfälle
- Streu von kleinen Haustieren (z. B. von Mäusen und Hamstern)

Braunes Material

- Astschnitt
- Heckenschnitt
- Laub
- Papier
- Pappe
- Stroh
- Dickere Stängel

Was nicht kompostiert wird

Fast jedes organische Material kann kompostiert werden. Ausnahmen sind:

- Kranke Pflanzenteile – die Temperatur im Komposthaufen ist nicht hoch genug, um die Erreger abzutöten.
- Pflanzen, die viele Samen bilden – die Temperatur im Komposthaufen ist nicht hoch genug, die Samen absterben zu lassen.
- Laub von immergrünen Gehölzen – es wird meist nicht vollständig zersetzt.
- Große Holzstücke – sie brauchen zu lange, um sich zu zersetzen.
- Gekochte Essensreste – sie ziehen Ungeziefer an.
- Eier, Milch und Milchprodukte – auch sie locken Ungeziefer an.

Einige dieser Materialien können im Thermokomposter (S. 76) oder in einer Wurmkiste (S. 106) kompostiert werden.

Gut zu wissen:

Wenn Sie in Töpfe pflanzen, geben Sie besser keinen Kompost zur Blumenerde. Er enthält zu viele Mikroben. In dem begrenzten Raum und in Abwesenheit von konkurrierenden Lebewesen, die im Boden anwesend sind, können sich die Mikroben so stark vermehren, dass es für die Pflanzen schädlich ist.

Eine gute Mischung

Ideal ist eine Mischung aus 50–75 Prozent braunen, also trockenen, und 25–50 Prozent grünen, also frischen Materialien. Grünes Material sackt stark zusammen, sodass der Haufen nur wenig Luft enthält, abkühlt und schleimig wird. Man sollte daher nicht zu viel davon auf den Haufen geben und es immer mit braunem Material mischen. Irgendwann wird alles verrotten.

Den Kompost wenden

Um den Zersetzungsprozess zu fördern, wendet man den Kompost im Frühling und Sommer einmal im Monat mit einer Gabel. Doch Vorsicht: Manchmal nisten im Haufen Igel, Frösche, Kröten und andere Kleintiere; im Sommer wird er von Blindschleichen als Unterschlupf genutzt. Gehen Sie bei der Arbeit also behutsam vor.

So verwenden Sie Kompost

Genutzt wird Kompost:

- Das ganze Jahr als Mulchmaterial rund um Pflanzen.
- Auf Brachflächen, die bald bepflanzt werden sollen. Dann kann direkt in die Kompostschicht gepflanzt werden.
- Zum Vermischen der ausgehobenen Erde beim Pflanzen von Gehölzen.

Den Komposthaufen nachfüllen

Prinzipiell können Sie das ganze Jahr über organisches Material auf den Kompost geben. Wie schnell die Umsetzung abläuft, hängt jedoch vom Material und der Jahreszeit ab. Im Sommer geht die Umsetzung schneller vonstatten als im Winter.

Weitere Vorteile des Kompostierens

Die Wärme, die bei der Umsetzung entsteht, können Sie nutzen, indem Sie empfindliche Pflanzen direkt in den Kompost setzen. Kürbis und Melone sind Arten, die dort gut wachsen.

Legt man in einem Folientunnel einen großen Komposthaufen an, hebt dieser im Winter die Temperatur dort leicht an.

Zutaten für einen Komposthaufen

Viele Abfälle, die im Haushalt anfallen, können auf dem Kompost entsorgt werden. Je vielfältiger die Mischung ist, desto höher wird seine Qualität. Für beste Ergebnisse geben Sie das Material in dünnen Lagen auf den Haufen und wenden es regelmäßig, sodass es gleichmäßig verteilt wird.

1. Rasenschnitt

Rasenschnitt hält die Wärme gut im Komposthaufen, wird aber matschig, wenn er zusammenfällt. Wenn Sie ihn nutzen möchten, sollten Sie den Kompost regelmäßig wenden.

2. Schnittblumen

Nach dem Verwelken auf den Haufen geben.

3. Eierschalen

Zerbröseln Sie die Eierschalen; sie werden langsam zersetzt, sind aber eine gute Nährstoffquelle. Zerbröselte Eierschalen sind auch gut zur Schneckenabwehr geeignet (siehe dazu auch S. 193).

4. Weiche Teile von Nadelgehölzen

Die verholzten Teile verrotten zu langsam, aber frische Triebe von Nadelgehölzen können klein geschnitten und auf den Haufen gegeben werden.

5. Zeitungen

Zerkleinern Sie die Bögen, bevor Sie sie auf den Kompost geben. Besteht der Haufen ansonsten aus einer vielfältigen Mischung, sind die Stoffe in der Druckfarbe nicht gesundheitsschädlich.

6. Obstreste

Teile wie Schalen oder Kerngehäuse können kompostiert werden.

7. Trockenes Laub

Laub von Bäumen und Sträuchern darf in den Kompost, wenn es nicht mit Krankheiten befallen ist. Vor allem im Herbst fällt reichlich Laub an und kann auch für einen speziellen Laubkompost verwendet werden (S. 78).

8. Pappe

Pappe ist ein gutes Material, um den Kompost zu belüften. Große Stücke zerreißen Sie vorher. Große, dicke Pappen sind praktisch, wenn Sie ein Mulchbeet (S. 68) anlegen wollen.

9. Gemüsereste

Gemüsereste sind ebenfalls zum Kompostieren geeignet. Kartoffelschalen gehören dagegen besser nicht auf den Kompost. Auf ihnen können Pilzsporen leben, die die Kraut- und Knollenfäule verursachen.

Flüssiges Gold

Eins der besten Mittel zum Aktivieren des Komposts ist zugleich eins, das sehr leicht verfügbar ist: menschlicher Urin. Er enthält viel Stickstoff, der die Umsetzung beschleunigt. Urin von Männern ist weniger sauer als der von Frauen. Sie können direkt auf den Haufen pinkeln oder die Flüssigkeit in einem Behältnis auffangen. Um ihn gleichmäßig auszubringen, können Sie ihn verdünnen und dann mit der Gießkanne über den Kompost gießen. Ein weiterer Vorteil: Sie benutzen die Toilette weniger und sparen Wasser.

1

2

3

4

puzzles
quick crossword
Sudoku
Kakuro
5

6

7

8

9

Auf der Suche nach Kompostmaterialien

Neben Küchen- und Gartenabfällen gibt es eine Reihe kompostierbarer Materialien, die Sie außerhalb Ihres Grundstücks finden können. Auf dem Land ist die Tierhaltung eine nahezu unerschöpfliche Quelle: Sammeln Sie den Mist einfach auf den Weiden, aber fragen Sie vorher den Bauern. Haben Sie also immer ein paar Tüten dabei, wenn Sie einen Spaziergang machen.

Die hier vorgestellten Materialien können Sie auf Ihren Komposthaufen geben. Vor allem Tiermist ist ein hervorragender Kompostaktivator, der zusätzlich dafür sorgt, dass Wärme entsteht und der Zersetzungsprozess schneller abläuft.

Handschuhe

Halten Sie beim Sammeln von Tiermist das Ansteckungsrisiko gering: Tragen Sie Handschuhe und waschen Sie sich anschließend die Hände.

Beinwell

Beinwell wächst an vielen Straßenrändern und ist während der Vegetationsperiode so reichlich verfügbar, dass Sie ihn sammeln und auf Ihren Komposthaufen geben können. Die Pflanze ist eine wertvolle Nährstoffquelle. Im Frühjahr, vor der Blüte, enthalten die Stängel viel Kalium, nach der Blüte viel Stickstoff. Aus Beinwell können Sie außerdem eigenen Flüssigdünger herstellen (S. 82).

Schafmist

Die festen und nur schwach riechenden Kötel enthalten viel Phosphor, Kalium und Stickstoff. Der Mist kann auch zur Herstellung von »Schaf-Jauche«, einem hervorragenden Flüssigdünger, verwendet werden (S. 81).

Kuhmist

Die »Kuhfladen« sind am leichtesten zu sammeln, wenn sie getrocknet sind. Sie enthalten weniger Stickstoff als der Mist anderer Tiere.

Hühnermist

Geflügelkot enthält viel Harnsäure und ist ätzend, was dazu führt, dass Pflanzen, die in direkten Kontakt damit kommen, »verbrennen«. Als Kompostaktivator ist er jedoch sehr gut geeignet.

Manchmal wird er in Pelletform angeboten, dann ist die Anwendung einfacher (S. 84).

Gut zu wissen:
Tierischer Mist enthält Unkrautsamen, die unverdaut Magen und Darm passieren konnten. Jeder Kompost, auf dem Tiermist abgelagert wird, enthält deshalb Samen, die keimen können, wenn der fertige Kompost an die Pflanzen gegeben wird. Die Keimlinge kann man jedoch leicht jäten (S. 198), und die positive Wirkung für den Boden macht diesen Nachteil wett.

Pferdemist

Durch das geringe Gewicht ist er gut geeignet, um in leichten Böden Masse aufzubauen. Der Mist enthält viel Stickstoff und muss gut verrottet sein, bevor man ihn an die Pflanzen gibt. Noch besser ist Stroh, das als Einstreu diente. Fragen Sie bei Pferdehöfen nach.

Pferdeäpfel kann man oft in den Ecken der Weiden sammeln.

Andere Methoden des Kompostierens

Für die Thermokompostierung gibt es Behälter aus Polypropylen oder anderen gut isolierenden Kunststoffen. Für die Produktion werden zwar fossile Brennstoffe verbraucht, dafür kann Abfall wiederverwertet werden.

Der Thermokompost

Hier können alle Gartenabfälle kompostiert werden, die nicht für den normalen Komposthaufen geeignet sind (S. 72).

Durch den Hausmüll gelangen Fette ins Abwassersystem. Dort verklumpen sie zu sogenannten »Fettbergen« mit bis zu 1 m Durchmesser. Die Fette verbinden sich mit den Fäkalien und bilden unter Umständen Pfropfen aus giftigen Stoffen, die die Rohre verstopfen. In einem kalten Komposthaufen werden Fette nicht zersetzt. Sie können jedoch genau wie gekochte Essensreste im Thermokomposter gesammelt werden.

Für den Thermokompost gibt es spezielle Behälter. Diese haben dicke, gut isolierte Wände, die die Wärme im Innern halten. Außerdem müssen sie dicht sein, damit Ungeziefer nicht eindringen kann. Ein Thermokomposter produziert rund ums Jahr Kompost. Es ist nicht notwendig, Kompostaktivator hinzuzugeben.

Die Temperatur im Innern liegt zwischen 40 und 60 °C und ist damit so hoch, dass Samen zerstört werden. Unkraut, das bereits Samen gebildet hat, kann hier also kompostiert werden. Das Gleiche gilt für kranke Pflanzenteile, da die Wärme die Krankheitserreger abtötet. Sogar der Kot von Haustieren kann hier kompostiert werden.

Im Gegensatz zum normalen, offenen Komposthaufen muss das Material im Thermokomposter nicht gewendet werden. Damit nicht unnötig Wärme verloren geht, öffnet man den Deckel nur zum Füllen.

Einen Thermokomposter aufstellen

Da Sie dort alle Essensreste entsorgen können, stellen Sie den Behälter möglichst nahe der Küche auf – dort, wo Zone 0 an Zone 1 (S. 13 und 30) grenzt. So ist er auch im Winter gut erreichbar.

Vorteile der Thermokompostierung:

- Es können viele Materialien kompostiert werden.
- Der Kompost ist schneller fertig.
- Auch im Winter kann Kompost produziert werden.

Luft & Feuchtigkeit

Für einen Kompost mit guter Struktur geben Sie die folgenden Materialien zu den Küchen- und Gartenabfällen:

- Holzhäcksel und dickeren Gehölzschnitt – sie lockern den Kompost und der Sauerstoffgehalt bleibt gleichmäßig.
- Geschreddertes Papier & Pappe – sie sorgen dafür, dass die Feuchtigkeit im Innern gleich bleibt.

Komposttoiletten

Während Urin auf den normalen, kalten Kompost gegeben werden kann (S. 72), muss Stuhl separat davon in einer Trockentoilette kompostiert werden. So entsteht einerseits Kompost, der im Garten einsetzbar ist, und gleichzeitig wird Wasser gespart.

Für einen bequemen Zugang sollte die Toilette erhöht gebaut werden. Die Entsorgungseinheit besteht aus zwei Kammern. Ist die erste gefüllt und der Inhalt vollständig umgesetzt, wird er in die zweite Kammer gefüllt und kann direkt verwendet werden.

Eine Trockentoilette wird erhöht gebaut.

Eine Trockentoilette bauen

Erkundigen Sie sich nach den gesetzlichen Bestimmungen, bevor Sie eine Trockentoilette errichten. Bauen Sie eine kleine Hütte, idealerweise an einem versteckten Platz zwischen hohen Bäumen, der aber so nah am Haus liegt, dass eine Möglichkeit zum Händewaschen gut erreichbar ist. Verwenden Sie einen Tiefspüler, bei dem der Kot direkt in die Kammer darunter fällt.

Füllen Sie Kompost oder alte Blumenerde in die Kammer, bevor Sie die Toilette das erste Mal benutzen. Nach jedem Toilettengang werfen Sie etwas Kompost nach. Eine Belüftung sorgt dafür, dass Gerüche schnell verfliegen. Sie können normales Toilettenpapier verwenden. Möchten Sie den Umsetzungsprozess beschleunigen, geben Sie einige Kompostwürmer in die Kammer (siehe S. 106).

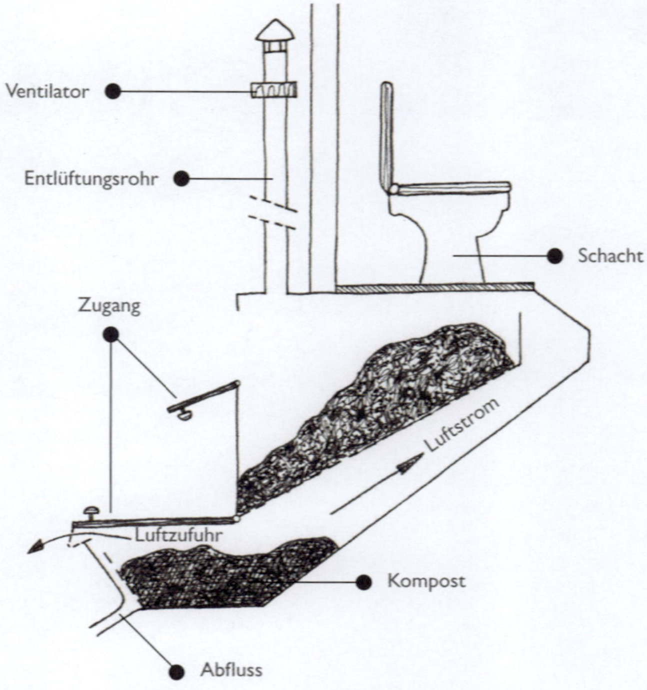

Gut zu wissen:
Der Kompost aus einer Trockentoilette wird nicht heiß genug, um Krankheitserreger abzutöten. Er sollte daher nicht direkt an Pflanzen gegeben werden, die gegessen werden. Verwenden Sie ihn besser nur an Zierpflanzen oder an älteren Obstbäumen.

Laubkompost nutzen

Kompost aus Falllaub ist einer der besten Bodenverbesserer, den Sie herstellen können, denn er enthält keine Unkräuter. Er riecht leicht süßlich und lässt sich gut verteilen. Daher kann er als Mulch oder Bodenverbesserer auf Hügelbeeten (S. 66) und Mulchbeeten (S. 68) oder in Pflanzgefäßen verwendet werden.

Normaler Kompost entsteht durch Bakterien, die das organische Material zersetzen. Laubkompost dagegen wird von Pilzen produziert. In der Stadt kann Laub aus Parks oder von Straßenbäumen verwendet werden. Achten Sie aber darauf, dass kein Hundekot darin versteckt ist.

So machen Sie Laubkompost

Es kann zwei bis drei Jahre dauern, bis aus einem Laubhaufen Kompost entstanden ist, der im Garten verwendet werden kann.

1. Im Herbst das Falllaub zusammenrechen und in einem Eimer oder einem ähnlichem Gefäß sammeln.

2. Die Blätter in stabile Müllsacke geben.

3. Mit einer Grabegabel Löcher in die Müllsäcke piksen. So kann die Luft zirkulieren.

Die Säcke an einem kühlen, dunklen Ort lagern und ungestört liegen lassen, bis der Laubkompost fertig ist.

Weitere Ideen, Laubkompost herzustellen

Laubkompost lässt sich auch in offen liegenden Haufen herstellen. Es dauert dann aber länger, bis das Laub zersetzt ist. Damit die Blätter nicht weggeweht werden, bauen Sie eine Art Käfig, indem Sie ein Stück Schafdraht zu einem Zylinder biegen. Dieser wird mit Stangen oder festen Bambustrieben im Boden befestigt.

Alternativ können Sie das Laub in einer ungenutzten Gartenecke sammeln und mit einer schwarzen Folie oder alten, aufgeschnittenen Blumenerde-Säcken abdecken. Zum Befestigen dienen Steine.

Auf kleinen Flächen kann es notwendig sein, einen Laubbläser zu Hilfe zu nehmen. Pusten Sie alle Blätter in eine Ecke und sammeln Sie sie von Hand auf. Manche Modelle können auch saugen. Dann landen die Blätter wie bei einem Staubsauger in einem Fangbeutel.

Ausdauerndes Unkraut kompostieren

Permakultur-Gärtner betrachten Unkraut anders als konventionelle Gärtner. Unkräuter oder Pflanzen, die am falschen Platz wachsen, sind ebenso ein Teil des Ökosystems wie die, die absichtlich angebaut werden. Unkraut gehört zum natürlichen Sukzessionsprozess einer Fläche und bietet vielen Tieren Nahrung und Unterschlupf.

Wenn Sie ein Unkraut aus dem Boden ziehen, entnehmen Sie gleichzeitig Erde, in der es nur so von Kleinstlebewesen wimmelt. Ausdauernde Unkräuter sollten nicht auf den normalen Kompost gegeben werden, da sie dort weiterwachsen, sich vermehren und die wertvollen Nährstoffe verbrauchen, die Sie mithilfe des Komposts gewinnen möchten. Es gibt aber verschiedene Möglichkeiten, wie man mit ihnen umgeht, sodass das Ökosystem erhalten bleibt.

Der Umgang mit ausdauernden Unkräutern

1. Die Pflanzen samt Wurzeln ausgraben und die Erde abschütteln. Um das Absterben zu beschleunigen, mit Wasser oder einem Mix aus Urin und Wasser (50:50) begießen.

2. Die Unkräuter in stabile Plastiksäcke füllen. Mit einer Grabegabel Löcher in die Säcke stechen, sodass die Luft zirkulieren kann. Die Säcke oben zubinden und an einen schattigen Platz legen.

3. Die Säcke regelmäßig öffnen und nachsehen, ob es Anzeichen für Wachstum oder Zersetzung gibt. Wachsen die Wurzeln immer noch, die Säcke wieder verschließen.

4. Sind die Pflanzen verrottet, gibt man sie auf den normalen Kompost (S. 70).

Mit Schafwolle gärtnern

Schafe sind gut für die Permakultur geeignet, denn im Vergleich zu anderen Nutztieren verändern sie die Umwelt nicht allzu sehr. Zudem können sie auf kargen Flächen grasen und liefern Wolle für Kleidung sowie Fleisch und Milch.

Wolle gewinnen

Wo Schafe weiden, bleiben an Stacheldrahtzäunen oft größere Flusen hängen oder die Wolle liegt in Büscheln auf dem Boden. Man kann sie auf den Kompost geben, aber das vielseitige Material lässt sich auch für andere Zwecke verwenden.

Schafwolle als Mulch

- Verteilen Sie die Wolle rund um die Pflanzen. Schnecken können die Wolle nicht überwinden, und die Pflanzen bleiben vor ihnen verschont.
- Wolle isoliert. Sie hält die Stängel warm und verhindert, dass der Boden im Winter gefriert.
- Als biologisches Material zersetzt sich Wolle mit der Zeit. Dadurch werden Bodenstruktur und -fruchtbarkeit verbessert.

Gut zu wissen:
Gehen Sie auf die Suche nach Schafwolle, wenn die Tiere gerade geschoren wurden. Aus Schafköteln und -wolle kann man einen Dünger herstellen.

Eine Woll-Jauche ansetzen

Schafwolle von Weiden sammeln.

Die Wolle in Jutesäcke stopfen.

Den Sack zubinden und in einen großen, wassergefüllten Eimer legen. Nach etwa vier bis sechs Wochen ist eine streng riechende Jauche entstanden. Verdünnt kann sie als Flüssigdünger oder Kompostaktivator verwendet werden.

Eigenen Flüssigdünger herstellen

Der Vorteil von Flüssigdüngern gegenüber festen Düngern ist, dass die enthaltenen Nährstoffe sofort für die Pflanzen verfügbar sind. Wenden Sie ihn während der ganzen Vegetationsperiode an und sorgen Sie so für gutes Pflanzenwachstum.

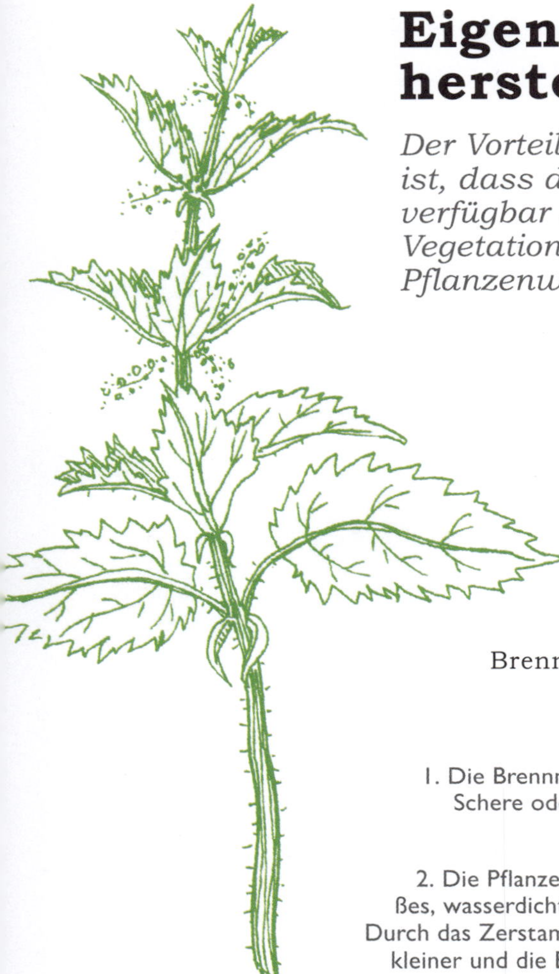

Brennnesseljauche herstellen

1. Die Brennnesseln mit einer Schere oder einem Messer abschneiden.

2. Die Pflanzenteile in ein großes, wasserdichtes Gefäß geben. Durch das Zerstampfen werden sie kleiner und die Blätter geben die wertvollen Inhaltsstoffe ab.

3. Das Gefäß fast bis zum Rand mit Brennnesseln füllen.

4. Die Pflanzenteile vollständig mit Wasser bedecken.

5. Mit einem Stein oder Ähnlichem beschweren, sodass sie unter der Wasseroberfläche bleiben.

6. Nach etwa sechs bis acht Wochen hat sich das Wasser dunkel gefärbt und riecht wegen der gelösten Nährstoffe streng. Die Jauche vor der Anwendung im Verhältnis 1:10 oder stärker verdünnen und Pflanzen oder den Komposthaufen damit gießen.

Vorteile der Blattdüngung:

Die Nährstoffe stehen der Pflanze sofort zur Verfügung. Auch zur Stärkung nach einem Schädlingsbefall oder einer Krankheit ist Blattdüngung sinnvoll.

Flüssigdünger anwenden

1 Verdünnt

Wie bei allen organischen Düngern kann die genaue Nährstoffmenge einer Gabe nicht exakt bestimmt werden. Verdünnen Sie lieber stärker und düngen Sie dafür häufiger.

2 An die Wurzeln

Geben Sie den Dünger als kräftige Gabe direkt auf die Erde rund um den Haupttrieb der Pflanze. Das geht am besten mit einer Gießkanne ohne Brause.

3 Auf die Blätter

Sind die Pflanzen vollständig belaubt, können Sie Flüssigdünger als Blattdünger verwenden. Bringen Sie ihn bei Windstille und bedecktem Himmel aus. In der Sonne würde die Flüssigkeit zu schnell verdunsten und die Blätter würden verbrennen. Verteilen Sie den Dünger mit einer Gießkanne mit Brause über die Pflanzen. Die Blätter sollten vollständig benetzt werden.

Brennnesseln enthalten besonders viele Stoffe, die das Wachstum fördern. Sie können aber auch andere Pflanzen verwenden. Tragen Sie beim Arbeiten mit Brennnesseln immer Handschuhe – die Blätter verursachen schmerzhafte Hautreaktionen.

Organische Dünger

Seit dem 20. Jh. werden Kunstdünger verwendet, um das Pflanzenwachstum anzuregen und die Ernte zu verbessern. Später wurden diese Dünger auch für Hobbygärtner verfügbar und häufig angewendet. In der Permakultur nutzt man nur natürliche Materialien, die nicht nur die Pflanzen, sondern auch das Bodenleben unterstützen.

Was sind organische Dünger?

Organische Dünger werden aus tierischen oder pflanzlichen Stoffen hergestellt, die in einem natürlichen Ökosystem sowieso verfügbar wären. Ihr Nährstoffgehalt kann nicht genau bestimmt werden. Das Ziel ist, den Boden zu pflegen, indem man die Bodenorganismen mit Nahrung versorgt, statt die Pflanzen direkt zu versorgen. Die Nährstoffe in organischen Düngern sind langsam verfügbar, denn das Material muss erst abgebaut werden, bevor die Nährstoffe von der Pflanze aufgenommen werden können.

Die im Folgenden genannten organischen Dünger erhalten Sie im Fachhandel.

1. Knochenmehl

Sterilisierte, gemahlene Knochen toter Tiere; enthält langsam verfügbaren Phosphor; am besten im Herbst anwenden.

Blutmehl

Ähnlich wie Knochenmehl, enthält zusätzlich Blut; hoher Stickstoffgehalt; im Frühjahr anwenden. Verhilft den Pflanzen nach der Winterruhe zu einem guten Start.

2. Hühnermist

In roher Form wegen seines Geruchs sehr unangenehm zu verwenden, außerdem kann er für Menschen schädliche Bakterien enthalten. Zu Pellets gepresst ist die Anwendung sicher; hoher Stickstoffgehalt; im Frühjahr verwenden. Nicht geeignet für Pflanzen, die einen sauren Boden benötigen.

3. Algenextrakt

In flüssiger Form verfügbar; ernährt nicht die Pflanze, sondern fördert die Bodenorganismen. Vor dem Anwenden verdünnen; zum Gießen oder als Blattdünger verwendbar; hoher Gehalt an Spurennährstoffen.

4. Hornspäne

Guter und nachhaltiger Stickstofflieferant; wird von den Bodenlebewesen langsam zersetzt. Zur Pflanzung in die Erde einarbeiten. Fördert das Wachstum.

Gut zu wissen:

Sowohl Knochen- als auch Blutmehl enthalten Kalzium. Beide sind alkalisch, heben den pH-Wert des Bodens also leicht an. In den meisten Fällen ist dies unproblematisch, aber die Dünger sollten nicht bei Pflanzen angewendet werden, die einen sauren Boden brauchen und auf einem neutralen bis leicht sauren Boden wachsen.

Flüssigdünger kann gesprüht oder – wenn die Pflanzen schon größer sind – direkt an die Basis der Pflanze gegossen werden.

So verwenden Sie organische Dünger

- Am besten werden die Nährstoffe nach Regenfällen aufgenommen, wenn der Boden noch feucht ist.
- Verteilen Sie das Material um die Pflanze und arbeiten Sie es anschließend mit einer Hacke leicht in den Boden ein.
- Sie können die Dünger auch ins Pflanzloch geben. Das erleichtert das Anwachsen.

Vorsicht!

- Gehen Sie nicht zu freigiebig mit Dünger um. Blätter und Triebe überdüngter Pflanzen werden weich und sind anfällig für Krankheiten.
- Eingewachsene Pflanzen benötigen nur ein- bis zweimal im Jahr Dünger. Große Bäume brauchen keine zusätzliche Nahrung.

Gründüngung verwenden

Als Gründüngung bezeichnet man Pflanzen, die schnell wachsen und brach liegende Flächen in kurzer Zeit bedecken. Sie unterdrücken die Keimung von Unkräutern, verringern auf windigen Flächen die Bodenerosion und halten Nährstoffe im Boden bzw. produzieren Nährstoffe. Außerdem verbessern Gründüngungspflanzen die Bodenstruktur, fördern das Bodenleben und halten die Feuchtigkeit im Boden.

Gründüngungspflanzen bilden eine dichte Pflanzendecke, die verhindert, dass Unkrautsamen keimen.

Buchweizen ist gut geeignet, um die Erosion magerer Böden zu verringern. Das ist besonders in Windlagen wichtig.

Gründüngung wird oft als Samenmischung verschiedener Arten angeboten.

Was ist Gründüngung?

Als Gründüngung werden Kulturen bezeichnet, die zum Aufbau und Erhalt der Bodenfruchtbarkeit angebaut werden. Gegessen werden diese Pflanzen nicht. Eine Gründüngung wird meist verwendet, um den Stickstoffgehalt des Bodens zu steigern, damit Pflanzen mit hohem Stickstoffbedarf angebaut werden können.

Gründüngung kann, außer wenn der Boden gefroren ist, praktisch das ganze Jahr über gesät werden. Auf einem abgeernteten Beet ersetzt sie die Nährstoffe, die die Nutzpflanze verbraucht hat. Das Beet kann dann im Frühjahr wieder neu bepflanzt werden.

Vorteile der Gründüngung:

- Die dichte, schnell wachsende Pflanzendecke unterdrückt Unkräuter.
- Sie bringt Pflanzenmaterial in den Boden.
- Sie erhöht den Stickstoffgehalt des Bodens.
- Sie belebt das Ökosystem Boden.
- Sie bedeckt den Boden, wenn er sonst brach liegen würde – besonders im Winter ist dies sinnvoll.

Gründüngung aussäen

1. Die Erde grob umgraben und dabei Wurzeln und ausdauernde Unkräuter entfernen.

2. Leicht festklopfen, um eine gleichmäßige Fläche zu erhalten.

3. Die Samen gleichmäßig auf der Fläche verteilen. 30 g reichen für 1 m².

4. Mit einem Rechen die Samen leicht in den Boden einarbeiten. Alternativ können die Samen in Furchen gesät werden, wie es auf S. 166 für einjährige Pflanzen gezeigt wird.

Einarbeiten

Die Gründüngung wird in den Boden eingearbeitet, bevor sie Blüten und Samen ansetzt. Je nachdem, wann ausgesät wurde, kann dies nach 40–90 Tagen sein. Dabei schneidet man die Pflanzen kurz über dem Boden ab und lässt sie für etwa einen Tag liegen. Dann arbeitet man das trockene Material in den Boden ein. Auf die Fläche sollten erst nach etwa zwei Wochen wieder Gemüse oder Kräuter gesät oder gepflanzt werden. Dann sind die Pflanzenteile verrottet.

Gut zu wissen:

Auf intensiv genutzten Beetflächen ist es sinnvoll, alle zwei bis drei Jahre eine Gründüngung auszusäen. So bleibt die Stickstoffbilanz ausgeglichen.

Arten der Gründüngung

Schwerer Boden:
Herbst

Saat-Wicke (*Vicia sativa*)
Ackerbohne (*Vicia faba*)
Roggen (*Secale cereale*)

Trockener, lehmiger Boden:
Frühling & Herbst

Hopfenklee (*Medicago lupulina*)

Feuchte, saure Böden:
Frühling & Sommer

Schweden-Klee (*Trifolium hybridum*)

Magere Böden:
Frühling & Sommer

Buchweizen (*Fagopyrum esculentum*)
Schmalblättrige Lupine (*Lupinus angustifolius*)

Leichte Böden:
Frühling & Sommer

Inkarnatklee (*Trifolium incarnatum*)

Alle Bodenarten:
Frühling & Sommer

Bockshornklee (*Trigonella foenum-graecum*)
Weißer Senf (*Sinapsis alba*)
Rot-Klee (*Trifolium pratense*)
Luzerne (*Medicago sativa*)
Phacelia (*Phacelia tanacetifolia*)

Gründüngung für tropische Regionen

Augenbohne (*Vigna unguiculata*)
Jackbohne (*Canavalia ensiformis*)
Faselbohne (*Lablab purpureus*)
Straucherbse (*Cajanus cajan*)
Juckbohne (*Mucuna pruriens*)

Auf den Stock setzen & Kopfschnitt

Beide Techniken des Pflanzenschnitts werden bei Gehölzen angewendet, die biegsame Triebe bilden, aus denen Rankgerüste, Pflanzenstützen oder Flechtzäune hergestellt oder Körbe geflochten werden können.

Auf den Stock setzen

Diese Technik wird meist bei Sträuchern angewendet, aber einige Bäume vertragen diesen Schnitt auch.

Im Lauf der Zeit wird die Pflanzenbasis immer dichter und undurchdringlicher. Um die Pflanze zu verjüngen, entfernt man die älteren Triebe mit einer Astsäge. Möchte man eine größere Pflanze erhalten, entfernt man nur einen Teil der Äste oder man kürzt sie um ein Drittel bis um die Hälfte ein.

Einen geeigneten Strauch oder Baumschössling pflanzen und zwei bis drei Jahre frei wachsen lassen.

1

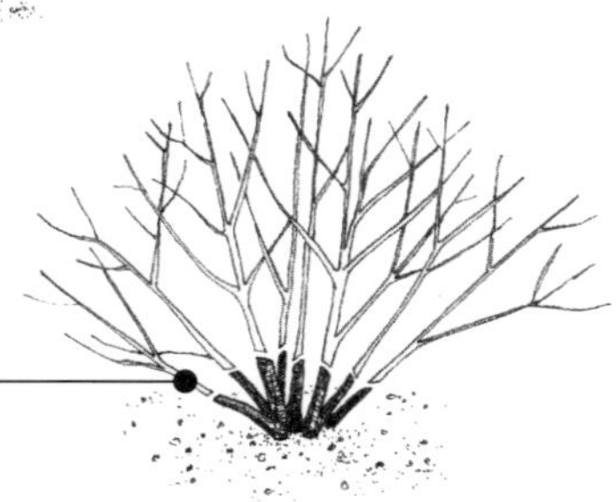

Im Februar alle Triebe 10–20 cm über dem Boden abschneiden. Bäume, bei denen der Stamm gekappt wird, wachsen anschließend mehrtriebig weiter.

2

Aus jedem Stumpf wachsen ein oder zwei kräftige, aufrechte Triebe. Diese im Februar direkt über der Basis des Zuwachses zurückschneiden und im Garten verwenden.

3

N Stickstoff fixieren

Techniken wie »Auf den Stock setzen« und »Kopfschnitt« haben den Vorteil, dass in der Folge Stickstoff im Boden fixiert wird.

Schneidet man oberirdische Pflanzenteile zurück, stirbt auch ein Teil des Wurzelsystems und Stickstoff wird freigesetzt. Davon profitieren die Pflanzen im direkten Umfeld.

Der beste Zeitpunkt dafür ist der Februar. Auf den Stock setzen darf man Gehölze aus Naturschutzgründen nur zwischen dem 1. Oktober und 28. Februar.

Früchte & Blüten

Nach diesen beiden Rückschnittsmethoden wird das Gehölz im Schnittjahr weder Blüten noch Früchte ansetzen. Es braucht die Energie, um neue Triebe zu bilden.

Ernten Sie Haseltriebe zum Bauen, wird der Strauch keine Nüsse produzieren. Pflanzen, die jedes Jahr stark beschnitten werden, bilden keine Blüten und Früchte.

Geeignete Pflanzen

Diese Gehölze sind oft in Systemen der Agroforstwirtschaft zu finden, siehe »Waldgarten«, S. 114, und »Gehölzschnitt in der Permakultur«, S. 180.

Hartriegel (*Cornus*)

Eukalyptus (*Eucalyptus*)

Weide (*Salix*)

Linde (*Tilia*)

Gemüsebaum (*Toona*)

Kopfschnitt

Der Kopfschnitt wird nur bei einstämmigen Bäumen angewendet. Neben der Triebproduktion und der Stickstofffixierung ist ein weiterer Vorteil, dass Bäume, die sonst sehr groß werden würden, auf diese Weise klein gehalten werden können.

Wünschen Sie sich einen Baum mit größerer Krone, schneiden Sie im ersten Jahr nur ein Drittel bis die Hälfte der Triebe zurück, in den folgenden Jahren dann die restlichen.

1

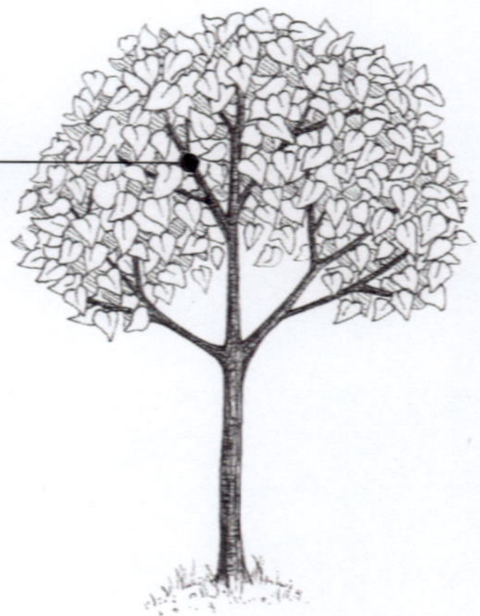

Pflanzen Sie einen Baum (S. 178) und lassen Sie ihn natürlich wachsen und eine Krone ausbilden.

2

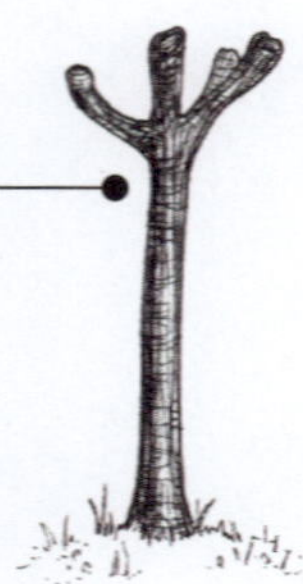

Hat der Stamm die gewünschte Höhe erreicht (ca. 1,2–2 m), werden im Februar alle Seitentriebe entfernt. Sie können diese direkt am Stamm entfernen oder einige stehen lassen, die dann die Krone bilden.

3

Aus den geschnittenen Ästen werden junge, weiche Triebe wachsen. Je nach Bedarf können Sie diese abschneiden.

»Cut & Go«

Die Technik »Abschneiden & Liegenlassen« wird in der Agroforstwirtschaft, vor allem in den Tropen, verwendet. Es ist eine gute Möglichkeit, auf einer dicht bewachsenen Fläche Wege anzulegen.

- Mit einer Hippe oder einer Machete die unteren Triebe entfernen.
- Die Äste werden dann in kleinere Stücke zerteilt und als Mulch rund um den Stamm liegen gelassen.

Das Beste aus beiden Welten

Hat man mehrere Haselsträucher, kann man den Rückschnitt über drei oder mehr Jahre verteilen.

- Im ersten Jahr wird nur ein Drittel der Pflanzen geschnitten.
- Im zweiten Jahr schneidet man wiederum ein Drittel der Pflanzen. Die bereits geschnittenen können sich erholen und Früchte ansetzen.
- Im dritten Jahr werden die restlichen Sträucher geschnitten.

Regenwasser sammeln

Böden speichern Wasser, sodass es für Pflanzen verfügbar ist. Verbessern Sie den Boden mit organischem Material, erhöht sich seine Fähigkeit, die lebensspendende Feuchtigkeit zu halten. Die Wasservorräte in einem Garten schwanken jedoch, und Regenfälle sind keine verlässliche Größe, wenn es darum geht, die Pflanzen zu versorgen.

Oben: Mit Tonnen kann man auch auf freien Flächen Regenwasser auffangen.

Zusätzliche Bewässerung

Pflanzen benötigen in bestimmten Situationen eine zusätzliche Bewässerung, zum Beispiel, wenn sie jung sind. Sparen Sie Leitungswasser, indem Sie so viel Regenwasser wie möglich auffangen und in Trockenperioden darauf zurückgreifen.

Um die Zeit für das Füllen der Gießkanne zu sparen, installieren Sie eine Tauchpumpe in einer Regentonne und schließen einen Schlauch an.

Regenwasser auffangen

Genauso wie Regen auf die Pflanzen und den Boden fällt, gelangt er auch auf die Dächer von Wohnhäusern, Außengebäuden, Schuppen und Gewächshäusern. Von dort wird er durch Dachrinnen und Fallrohre in das Entwässerungssystem transportiert.

Ein Großteil dieses Wassers kann man auffangen, indem man mit einem einfachen Adapter aus dem Baumarkt Tonnen oder Tanks an die Fallrohre anschließt.

Regentonnen aufstellen

Die Tonne sollte auf einem festen Untergrund stehen. Offene Erde sackt zusammen, denn eine volle Tonne ist sehr schwer. Besser sind Ziegelsteine oder andere stabile Materialien. Stellen Sie die Tonne möglichst im Schatten auf, damit sich das Wasser im Sommer nicht aufheizt.

Ist die Tonne bis oben gefüllt, läuft das Regenwasser in die Entwässerung. Steht genug Platz zur Verfügung, können Sie eine zweite Tonne an die erste anschließen.

Was tun im Winter?

Im Winter benötigen Sie weniger Wasser. Leeren Sie die Tonne und reinigen Sie sie von innen. In Frostperioden sollte sie vollständig leer sein oder nur ganz wenig Wasser enthalten. Das Wasser dehnt sich beim Gefrieren aus; eine volle Tonne könnte durch das Eis Schaden nehmen.

Durch das Fallrohr fließt das Regenwasser in den Sammelbehälter.

Regensammler

Regensammler zum Anschließen von Tonnen an Fallrohre sind meistens mit einem Filter ausgestattet, der dafür sorgt, dass kein Laub in die Tonne gelangt. Der Filter sollte regelmäßig entnommen und geleert werden.

Regentonnen sind aus stabilem Kunststoff hergestellt. Dicht schließende Deckel verhindern, dass Laub oder Insekten ins Wasser fallen. Mit einem Auslasshahn, der kurz über dem Boden angebracht wird, lässt sich Wasser leicht entnehmen.

x2 Brauchen Sie viel Wasser, schließen Sie eine zweite Regentonne an, in die das Wasser läuft, wenn die erste voll ist.

Auf freien Flächen können Sie Wasser in offenen Tanks sammeln. Oder Sie stellen bei starkem Regen Eimer an den Stellen auf, an denen das Regenwasser sonst verloren gehen würde – also in Lücken zwischen Pflanzen oder auf gepflasterten Flächen und Holzdecks.

Grauwasser wiederverwerten

Da Trinkwasser eine wertvolle Ressource ist, sollten Sie möglichst wenig davon verschwenden. Einen Teil des Wassers, das Sie im Haus verbrauchen – Grauwasser genannt –, können Sie sammeln und im Garten erneut verwenden.

Was ist Grauwasser?

Grauwasser ist alles Abwasser aus dem Haushalt, das nicht durch die Toilettenspülung in die Kanalisation gelangt. Letzteres wird Schwarzwasser genannt. Zum Grauwasser zählt Wasser, das zum Spülen, Waschen, Duschen und Baden genutzt wurde. Abwasser aus Maschinen, in denen chemische Reinigungsmittel verwendet wurden, sollte nicht weiterverwendet werden. Wenn Sie allerdings biologische Produkte verwenden, ist es möglich, das Wasser weiter zu nutzen. Lassen Sie Grauwasser abkühlen, bevor Sie es den Pflanzen geben.

Ein Haus mit Grauwassersystem

In einem Grauwasser-Recycling-System wird das Grauwasser in einen Tank geleitet. Von diesem wird es durch unterirdische Rohre gepumpt und von dort direkt in den Boden, sodass es für die Pflanzen verfügbar ist. Verlegen Sie die Rohre möglichst nah an Pflanzen mit hohem Wasserbedarf wie Obstbäume oder Beerensträucher.

Auch wenn Sie kein solches System installieren, können Sie einen Teil des Grauwassers für die Nutzung im Garten auffangen.

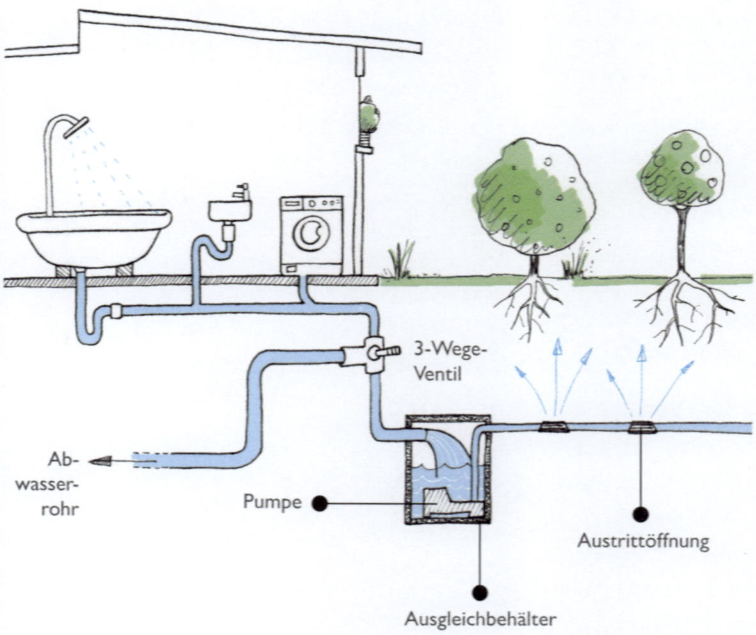

Grauwasser auffangen

- Schöpfen Sie das Badewasser mit Eimern aus der Wanne.
- Sie können es auch mit einem kurzen Schlauch in Eimer abfließen lassen.
- Nehmen Sie beim Duschen einen oder mehrere Eimer mit in die Kabine und fangen Sie Spritzwasser auf.
- Wenn Sie von Hand abspülen, können Sie das Wasser danach direkt aus der Schüssel an die Pflanzen gießen oder mit einem Gefäß aus dem Spülbecken schöpfen.

Grauwasser verwenden

Abkühlen lassen

Grauwasser sollte direkt nach dem Abkühlen verwendet werden. Sonst siedeln sich schädliche Bakterien darin an.

An Zierpflanzen

Verwenden Sie Grauwasser zum Gießen von Zierpflanzen, wie einjährigen Blühpflanzen, Gehölzen, die als Hecke oder Sichtschutz dienen, oder auf Rasenflächen und Wiesen.

An Gehölzen

Grauwasser eignet sich auch für Gehölze mit hohem Wasserbedarf, wie Beerensträucher und Obstbäume. Sie brauchen im Sommer besonders viel Wasser.

Hier besser nicht

- Für schnell wachsende Kulturen wie Blattgemüse ist Grauwasser weniger gut geeignet. Es kann den Geschmack beeinträchtigen. Bei Wurzelgemüse können die Chemikalien in die Pflanze gelangen.
- Spülwasser enthält Reinigungsmittel und Fette. Es sollte besser nicht zum Gießen von Obst, Gemüsen und Salaten verwendet werden. Sobald es abgekühlt ist, gießen Sie es direkt aus der Schüssel.

Weniger Wasser verbrauchen

Eines der Prinzipien der Permakultur ist es, das Beste aus den vorhandenen Ressourcen zu machen. Daher ist es wichtig, dass Trinkwasser nicht verschwendet wird. Es gibt viele Wege, möglichst wenig davon zu verbrauchen, die Bedürfnisse Ihrer Pflanzen aber dennoch zu erfüllen.

Wenn Sie gießen, helfen diese Regeln:

1

Wählerisch sein

Gießen Sie nur Pflanzen, die unbedingt Wasser brauchen.

2

Am Abend gießen

Je kühler es ist, desto langsamer verdunstet Wasser über die Bodenoberfläche und desto länger bleibt es für die Pflanzen verfügbar.

3

Den Boden gießen

Gießen Sie das Wasser auf den Boden rund um die Pflanzenbasis und nicht auf die Blätter. So gelangt möglichst viel Wasser an die Wurzeln.

Jede Pflanze benötigt zum Wachsen Wasser. Bekommt sie nicht genug davon, leidet sie unter Stress: Die Blätter welken und fallen ab, Blüten und Früchte entwickeln sich nicht normal und werden abgestoßen und die Pflanzen werden anfälliger für Schädlinge und Krankheiten. Als Reaktion auf Stress durch Wassermangel bilden einige Gemüsearten wie Salat, Rauke und Kohl frühzeitig Blüten und setzen Samen an. Man nennt dies »Schossen« oder »Schießen«. Bei extremer Dürre sterben Pflanzen sogar.

Wann brauchen Pflanzen am meisten Wasser?

- während der Keimung – damit sie gut wachsen*;
- direkt nach dem Pflanzen – sodass sie schnell anwachsen;
- nach dem Umpflanzen – um einen »Umpflanzschock« zu vermeiden;
- nach dem Rückschnitt – um eine schnelle Erholung zu sichern.

*Aussaaten im geschützten Anbau sollten immer mit Leitungswasser gegossen werden. Regenwasser und Grauwasser enthalten Mikroorganismen, die Krankheiten verursachen können und gegen die die zarten Pflänzchen keine Abwehrkräfte haben.

Leitungswasser sparen

Sie brauchen weniger Leitungswasser, wenn Sie:

- den Boden mit organischem Material verbessern: Er kann dann besser Wasser speichern.
- mulchen: Der Boden verdunstet dann weniger Wasser.
- schattieren: Die Sonne trocknet den Boden dann nicht so schnell aus. Keimlinge und frisch umgesetzte Pflanzen sind besonders empfindlich.
- einen Windschutz installieren: Der Boden trocknet nicht aus und erodiert nicht.
- trockenheitsverträgliche Pflanzen wählen: Es gibt viele robuste Pflanzen, die Trockenheit tolerieren.

Neuen Pflanzen das Anwachsen erleichtern

Mit einer Miniaturversion des Mulchbeets (S. 68) können Sie beim Pflanzen von Gehölzen Wasser sparen.

Dicke Pappe: Verpackungen von verschiedenen Haushaltsgeräten sind besonders gut geeignet.

1. Direkt nach dem Pflanzen und Angießen mehrere Pappstücke um die Basis des Baums oder Strauchs verteilen.

2. Die Pappstücke großzügig mit Wasser befeuchten. Sie liegen dann dicht auf dem Boden auf und verrotten schneller.

Bäume können Sie auch auf einen kleinen Hügel pflanzen und einen Gießrand anlegen, in dem sich das Wasser sammelt (siehe »Obstgehölze mit Gießrand pflanzen«, S. 179).

3. Eine Schicht organischen Mulch, wie Kompost, Stallmist oder Stroh, rund um die Pflanze streuen. Gelegentlich mit einer Gießkanne ohne Brause direkt an der Pflanzenbasis und innerhalb des Rings gießen.

Mulchen

Wenn Sie mulchen, werden Sie unabhängig davon, Pflanzen zusätzlich zu wässern. Gleichzeitig wird der Boden verbessert.

Kies als Mulchmaterial verhindert die Verdunstung sehr effektiv.

Was ist Mulch?

Als Mulchen bezeichnet man das Abdecken des Bodens rund um eine Pflanze mit verschiedenen Materialien. Meist möchte man damit Feuchtigkeit im Boden halten. Mulch kann ringförmig um einzelne Pflanzen gestreut oder ganzflächig über noch unbepflanzte Beete verteilt werden. Es gibt organische und anorganische Mulchmaterialien.

Im Wesentlichen verhindert Mulch, dass Wasser aus dem Boden verdunstet. Am besten bringt man ihn kurz nachdem es geregnet hat aus oder nachdem man die Pflanzen kräftig gegossen hat.

Ein elektrischer Schredder macht aus Gehölzschnitt Hol häcksel, die man zum Mulche verwenden kann.

Wann wird gemulcht?

Im Frühling

Mulch kann eigentlich das ganze Jahr über ausgebracht werden. Im Frühjahr, wenn die Pflanzen am kräftigsten wachsen, ist er jedoch besonders nützlich.

Im Sommer

Besonders wenn eine lange Dürreperiode bevorsteht, können Sie Mulch auch im Hochsommer erneut ausbringen. Der Boden muss dann jedoch feucht sein. Ist dies nicht der Fall, gießen Sie die Pflanzen vor dem Mulchen.

Organisch oder anorganisch?

Organische Mulchmaterialien

Stroh ist ein sehr vielseitiges Mulchmaterial. Unter Erdbeerpflanzen ausgebracht verhindert es, dass die Früchte auf dem Boden liegen; bei Kartoffeln, dass Knollen die nur knapp unter der Erdoberfläche liegen, grün werden.

Vorteile:

1 Mulchen verringert den Verlust der Bodenfeuchtigkeit und verbessert die Bodenqualität. Das Material zersetzt sich langsam und wird durch Regen in den Boden eingewaschen oder durch Regenwürmer oder andere Bodenorganismen in den Boden gezogen.

2 Organische Mulchmaterialien düngen den Boden, nicht die Pflanzen. Bringen Sie regelmäßig frisches Material auf.

Organische Mulchmaterialien sind:

- Kompost
- Pilzkompost
- Stroh
- Holzhäcksel
- Stallmist
- Laubkompost

Anorganische Mulchmaterialien

Eine Schicht aus hellem Kies reflektiert das Sonnenlicht, sodass ein warmes Kleinklima entsteht. Davon profitieren mediterrane Duftpflanzen wie Lavendel.

Vorteile:

1 Anorganisches Mulchmaterial wie Kies oder andere nicht abbaubare Materialien halten ebenfalls die Feuchtigkeit im Boden, düngen ihn aber nicht. Mit der Zeit werden sie in den Boden gespült und verbessern die Wasserdurchlässigkeit.

2 Kies heizt sich in der Sonne auf und die Wärme wird zur Pflanze abgestrahlt. So ist der Temperaturabfall nachts geringer. Das ist besonders gut für mediterrane Kräuter wie Rosmarin, Lavendel und Salbei, die bei Wärme am besten gedeihen.

3 Der Mulch kann wie ein Dränagesystem wirken und verhindern, dass sich Pfützen bilden. An trockene Standorte angepasste Pflanzen faulen, wenn es an der Pflanzenbasis zu nass ist.

Anorganische Mulchmaterialien sind:

- Schotter
- Kies
- Marmor- (oder anderer) Bruchstein

Ein Gefäß mit Wasserspeicher bauen

Sämlinge brauchen wie alle Pflanzen im Topf regelmäßig Wasser, um kräftig zu wachsen. Oft wird beim Gießen Wasser verschwendet, wenn es aus der Erde und dem Topf läuft. Das passiert häufig, wenn die Pflanzen auf einer versiegelten Fläche oder einem Gewächshaustisch stehen.

Die hier beschriebene Vorgehensweise sorgt zudem dafür, dass Sie weniger oft gießen müssen. Gegossen wird nur, wenn der Speicher leer ist. Pflanzgefäße mit Wasserspeicher haben den Vorteil, dass die Erde auch dann gleichmäßig feucht bleibt, wenn Sie einige Tage nicht zu Hause sind und sich niemand um Ihre Pflanzen kümmern kann.

Pflanzgefäße mit Wasserspeicher sind für Sämlinge gut geeignet, die schon in einzelne Töpfe gesetzt wurden, aber noch nicht groß genug sind, um ausgepflanzt zu werden. Durch den Docht und den Wasserspeicher wird die Erde immer gleichmäßig mit Wasser versorgt und trocknet nicht aus, was in dieser kritischen Entwicklungsphase der Pflanzen häufig zu Problemen führt.

1. Den oberen Teil einer benutzten, durchsichtigen Plastikflasche abschneiden.

2. Den unteren Teil ebenfalls abschneiden. Er wird später der Wasserspeicher.

3. Aus einem Rest Baumwolle einen Docht formen. Dieser wird so durch den umgedrehten Flaschenhals geführt, dass etwa 5 cm davon im Wasser hängen.

4. Eine Jungpflanze mit Topf in das Gefäß stellen und das andere Ende des Dochts etwa 2,5 cm tief in die Erde stecken. Nun Wasser in den unteren Teil der Flasche schütten. Die Pflanze sollte nicht im Wasser stehen. Stattdessen sorgt der Docht dafür, dass die Erde feucht bleibt.

Im Gewächshaus

Sie können diese Technik auch für größere Chili-, Paprika- oder Tomatenpflanzen im Kübel anwenden, vor allem wenn diese im Gewächshaus oder Folientunnel stehen, wo an warmen Tagen Wasser schnell verdunstet.

- Die Töpfe werden in flache, mit Wasser gefüllte Schalen gestellt.
- Nun werden pro Topf zwei bis drei Dochte hineingesteckt, die das Wasser zur Erdoberfläche transportieren.

Abfälle wiederverwerten und weiterverwenden

Während organische Abfälle kompostiert werden können, fällt in vielen Haushalten eine große Menge Restmüll an, der entsorgt wird und auf Deponien landet, wo er gepresst und verbrannt wird. Die meisten anorganischen Materialien bauen sich sehr langsam ab, einige davon schädigen die Atmosphäre und produzieren Treibhausgase. Plastik, das in Wasserläufe und das Meer gelangt, hat fatale Folgen für die Meeresbewohner.

Eins der Ziele der Permakultur ist es, so wenig Müll wie möglich zu produzieren. Viele der weggeworfenen Dinge können im Garten nützlich sein.

Wiederverwerten oder weiterverwenden?

Wiederverwerten

Dabei wird der Gegenstand in seine Bestandteile zerlegt, sodass daraus etwas Neues entstehen kann. Im gewerblichen Bereich wird Metall wiederverwertet, auch bei Glas ist dies üblich. Oft wird daraus Fiberglas hergestellt. Wegen seiner molekularen Struktur ist es schwer, Kunststoff wiederzuverwerten. Material, das daraus entsteht, ist nicht sehr vielseitig einsetzbar.

Weiterverwenden

Hier wird das Abfallprodukt als Ganzes weiterverwendet. Schraubgläser können gereinigt und zur Aufbewahrung von Samen oder getrockneten Kräutern verwendet werden. Kunststoffbehälter sind oft zerbrechlich und spröde, aber mit etwas Fantasie lassen sich auch für sie neue Nutzungsmöglichkeiten finden. Gefäße mit luftdichtem Deckel wie Margarineschachteln eignen sich wie Schraubgläser zur Aufbewahrung.

Haushaltsabfälle im Garten nutzen

Viele Einmalbehälter aus Plastik, die sonst direkt weggeworfen würden, lassen sich hier verwenden.

Eine Pflanzenstütze bauen

Eine leere Plastikflasche kann zwei Zwecke erfüllen, wenn man sie umgedreht über drei Bambusstäbe stülpt, die man als Pflanzenstütze in den Boden gesteckt hat: Sie stabilisiert die Stäbe und schützt vor Augenverletzungen. Außerdem vertreibt das Licht, das ihre Oberfläche reflektiert, Vögel.

Vogelabwehr

Bei Mangold und anderen Blattgemüse-Arten werden die Blätter oft von Vögeln angepickt. Steckt man leere Wasserflaschen auf kurze Stöcke, die zwischen den Pflanzen stehen, können Sie ein Netz darüber ausbreiten und so die Pflanzen schützen.

Schneckenabwehr

Entfernt man den Boden, werden aus Plastikverpackungen von Speisen oder Getränken Schneckenkragen. Sie schützen Jungpflanzen zum einen ein wenig vor Frost, halten andererseits aber auch Schnecken, Mäuse und Vögel fern.

Mini-Pflanzenglocke bauen

Pflanzenglocken schützen empfindliche Gewächse vor Kälte und Schädlingen. Sie können beide Hälften einer durchsichtigen Plastikflasche verwenden. Der obere Teil hat den Vorteil, dass der Schraubverschluss genutzt werden kann. Tagsüber wird er geöffnet und die Luft kann zirkulieren, in kühlen Nächten verschließen Sie die Flasche wieder.

- Von einer leeren, durchsichtigen Plastikflasche die Etiketten entfernen,
- die Flasche mit einer Schere quer in zwei Hälften schneiden,
- den oberen Teil zum Schutz vor Frost über frisch gesetzte Jungpflanzen stülpen.

Die untere Hälfte können Sie über einen gleich großen Topf stülpen und so ein Minigewächshaus für Aussaaten oder Stecklinge bauen. Große Flaschen schneidet man in drei Teile und verwendet den mittleren als Schneckenkragen (s. linke Seite).

Konservendosen

Da sie aus Metall sind, können sie gesammelt und gewerblich wiederverwertet werden. Im Garten können Sie Dosen zur Vogelabwehr verwenden (siehe linke Seite) oder Insektenhotels daraus bauen (S. 142).

Noppenfolie

Sie wird oft genutzt, um Zerbrechliches beim Transport zu schützen. Wie Styropor ist sie ein hervorragender Winterschutz für Kübel. Dafür die Noppenfolie einfach um den Kübel wickeln und die Enden mit Paketband zusammenkleben.

Styropor

Styropor ist leicht, aber stabil und als Verpackungsmaterial weit verbreitet. Normalerweise wird es nicht wiederverwertet.
Dank seiner hohen isolierenden Wirkung kann es als Winterschutz für Kübelpflanzen dienen (S. 136) oder zum Abhärten junger Pflanzen.

Andere Abfallverwertung

Binden Sie alte CDs, DVDs oder Aluminium-Schalen an Stangen und stellen Sie diese als Vogelscheuche zwischen Pflanzen.

- Bohren Sie in ein Ende von Weinkorken kleine Löcher und stecken Sie sie auf Stäbe, die Sie als Pflanzenstützen verwenden möchten. Die Korken schützen vor Augenverletzungen. Tonkugeln erfüllen denselben Zweck.
- Schneiden Sie mit einem Cutter drei Schlitze in einen alten Tennisball. Stecken Sie drei Stäbe in den Ball und nutzen Sie das Dreibein als Rankhilfe für Kletterpflanzen.
- Waschen Sie stabile Plastikbehälter, wie zum Beispiel Farbeimer, aus und verwenden Sie sie als Pflanzgefäße. Vorher Dränagelöcher in den Boden bohren!
- Plastikschälchen, in denen Obst und Gemüse verpackt war, können zur Anzucht von Microgreens genutzt werden (S. 108). Styropor isoliert die Wurzeln.
- Nutzen Sie Sprühflaschen von Haushaltsreinigern zum Besprühen von Aussaaten im Haus. Reinigen Sie sie vorher gründlich, um alle Reste der Chemikalien zu entfernen.

Ein Frühbeet selber bauen

Aus Holzresten von anderen Projekten oder den Latten einer Palette können Sie ganz einfach ein Frühbeet zusammenbauen.

Paletten werden benutzt, um Dinge mit einem Gabelstapler zu transportieren. Sie sind aus minderwertigem Holz hergestellt. Viele werden nach der Nutzung entsorgt. Manchmal kann man sie günstig von Gartencentern oder im Baustoffhandel bekommen oder sie aus Müllcontainern retten. Da das Holz nicht behandelt ist, verrottet es nach einiger Zeit. Dann können Sie es verbrennen oder schreddern und zum Kompostieren oder als Wegbelag nutzen.

Wofür ist ein Frühbeet gut?

Ein Frühbeet ist eigentlich ein Miniatur-Gewächshaus. Man nutzt es, um Jungpflanzen und Aussaaten vor Kälte zu schützen. Dafür wird die Glasabdeckung tagsüber abgenommen, abends wieder aufgelegt. An kühlen Tagen können Sie das Frühbeet geschlossen lassen oder es nur ein wenig öffnen, sodass Luft zirkulieren kann.

Da ein Frühbeet nur wenig Platz benötigt, können Sie es nahe der Küche aufstellen und darin Kräuter überwintern oder etwas Salat anbauen. Das ist besonders praktisch, wenn ihr Folientunnel oder Gewächshaus ein Stück vom Haus entfernt steht.

Bei Nachtfrösten decken Sie das Glas mit einem alten Teppich oder mehreren Lagen Zeitungspapier ab, die Sie mit Steinen oder anderen Dingen beschweren. Bleibt die Temperatur tagsüber unter Null, lassen Sie das Frühbeet zugedeckt. Die Pflanzen wachsen dann sowieso nicht und benötigen kein Licht.

Kleines Frühbeet

Eine Styroporkiste kann als improvisiertes Frühbeet für kleine Pflanzen dienen. Dafür einfach die Box mit einer Glasscheibe abdecken.

1

2

3

4

Ein Frühbeet aus einer Palette bauen

1. Mit einem Hammer und einem Meißel die Palette in ihre Bestandteile zerlegen.
Die Latte nach Größe sortieren. Nägel, die sich nicht entfernen lassen, mit einem Hammer flach schlagen.

2. Für den Bau des unteren Teils des Rahmens eine Latte halbieren. Eine der Hälften mit einer ganzen Latte rechtwinklig verbinden. Rostfreie Edelstahlnägel verwenden! Achten Sie darauf, dass die kürzere Seite innerhalb des Rahmens liegt.

3. Die zweite kurze Hälfte an das andere Ende nageln und den Rahmen mit einer zweiten langen Latte zu einem Rechteck vervollständigen. Letztere wird an die Außenseite genagelt.

4. Zum Stabilisieren des Rahmens Stücke von einem Kantholz (etwa 2,5 x 2,5 cm) innen in den Ecken befestigen.

5. Nun bauen Sie den oberen Teil des Rahmens.
Da die Oberseite des Frühbeets schräg werden soll, auf einer Latte die Mitte mit einer Linie anzeichnen.

6. Auf etwa 7/8tel der Linie einen Punkt markieren und diesen Punkt mittels Linien mit den beiden oberen Ecken der Latte verbinden. Entlang dieser Linien sägen – sie bilden die seitlichen Oberkanten des Frühbeets – und die Latte halbieren.

7. Zwei ganze Latten so am Frühbeet befestigen, dass sie die Vorder- und Rückseite bilden. Die beiden schrägen Seitenteile so einpassen, dass die niedrigeren Enden an der Vorderseite liegen. Die lange Latte an der Vorderseite steht über, so kann der Deckel nicht abrutschen.

8. Den Rahmen mit einer Glasscheibe abdecken.

Bei Nachtfrost
die Glasabdeckung mit einer dicken Pappe oder einem alten Teppich abdecken.

Kompostierbare Anzuchttöpfe aus Zeitungspapier machen

Zeitungspapier ist sehr vielseitig verwendbar. In kleinen Stücken kann man es zum Mulchen von Kartoffeln und Erdbeeren verwenden, es kommt in Wurmkisten zum Einsatz oder zum Lockern des Komposts. Aber auch Anzuchttöpfe kann man daraus basteln. Kompostierbare Töpfe selbst herzustellen reduziert den Verbrauch von Erdöl und Energie, die sonst bei der Herstellung anfallen.

Papiertöpfe verwenden

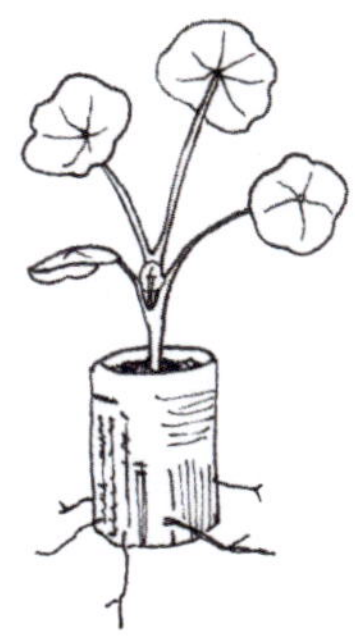

Papiertöpfe sind ideal für Aussaaten; vor allem bei Pflanzen, die einen »Auspflanzschock« bekommen, wenn man sie in den Garten setzt.

- Wählen Sie große Samen, wie die von Erbsen, Bohnen, Duft-Wicken (*Lathyrus odoratus*) oder Kapuzinerkresse (*Tropaeolum*).
- Nach der Keimung lässt man die Pflänzchen wachsen, bis sich Wurzeln aus der Zeitung schieben.
- Dann werden die Pflanzen samt Topf in die Erde gesetzt. So werden die Wurzeln geschont. Der Topf zersetzt sich im Boden schnell.

Andere kompostierbare Töpfe verwenden

Viele der kompostierbaren Töpfe, die man im Gartencenter oder Baumarkt kaufen kann, sind aus Recyclingpapier gefertigt. Andere Materialien sind Kokosfasern, Stallmist, Bambusfasern, Reisstroh und Stroh.

Kompostierbare Töpfe aus Torf sollte man vermeiden, da dies kein nachwachsender Rohstoff ist (S. 132).

Eine Papiertopfpresse ist nicht teuer. Mit diesem Modell kann man Töpfe in zwei Größen herstellen.

Mit einer Papiertopfpresse einen Papiertopf machen

1. Aus zwei Lagen Zeitungspapier einen Streifen schneiden. Er sollte so lange sein, dass er einmal um den Stempel reicht und diesen etwa 2 cm überlappt. Am oberen Ende sollte das Papier mit der Stempelkante abschließen, am unteren etwa 2,5 cm überstehen.

2. Den unteren Rand nach innen falten.

3. Den Stempel in die Basis drücken und mit einem kurzen, festen Dreh die Unterseite fixieren.

4. Die Basis entfernen und den Papiertopf vorsichtig vom Stempel ziehen.

5. Den Topf mit Anzuchterde füllen. Damit er sicher steht, mit mehreren Töpfen dicht an dicht in eine flache Schale stellen. Die Samen einzeln hineinlegen.

Für stabilere Töpfe mehrere Lagen Zeitungspapier verwenden.

1

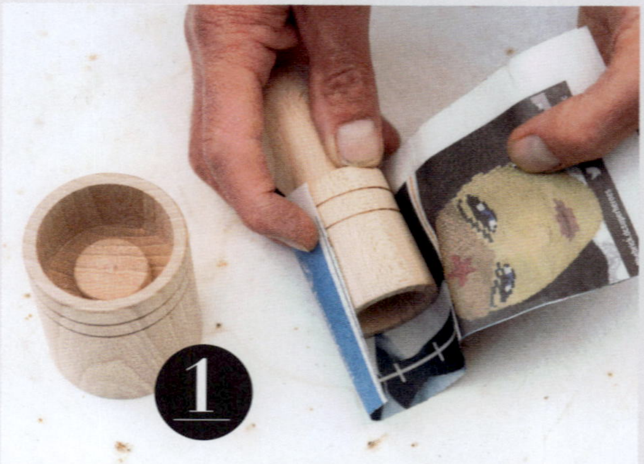

2

3

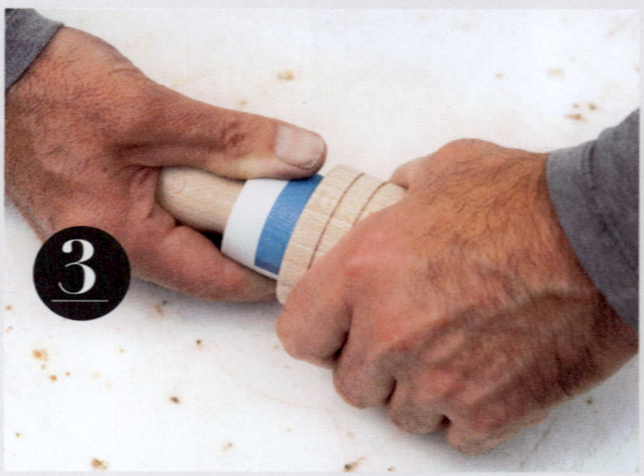

4

5

Die Samen leicht, aber gleichmäßig feucht halten. Das geht am besten mit einer Sprühflasche. Die Pflanzen befeuchten, aber nicht zu stark gießen.

Eine Wurmkiste bauen

Bei dieser Art der Kompostierung von Grünabfällen nutzt man die Aktivität von Kompostwürmern.

Kompostwürmer

Gewöhnliche Regenwürmer, die auch in Komposthaufen zu finden sind, sollten nicht in geschlossene Wurmkisten gesetzt werden. Ihr Lebensraum ist der Boden. Geeignet sind dagegen Kompostwürmer (*Eisenia fetida*). Diese sind im normalen Gartenboden meist nicht zu finden. Sie leben in Haufen von verrottenden Pflanzenresten oder in Mist. Angler verwenden diese Würmer als Köder. Man kann sie online bestellen und bekommt sie dann in einer kompostierbaren Box geliefert, die man einfach in die Wurmkiste stellt.

Eine Wurmkiste

- braucht weniger Platz als ein normaler Komposthaufen und kann auch aufgestellt werden, wenn man keinen Garten hat;
- nimmt alle Materialien auf, die man auch draußen kompostiert;
- produziert zusätzlich eine Flüssigkeit, die als Dünger verwendet werden kann;
- produziert fruchtbare Erde, die man für die Topfkultur nutzen kann.

Die Wurmkiste im Winter isolieren

Im Winter sind die Würmer weniger aktiv. Damit sie überleben, muss die Kiste isoliert werden. Wickeln Sie sie in Noppenfolie oder Jute oder stellen Sie sie in einen Schuppen oder in die Garage. In einem Folientunnel, in dem die Temperaturen höher sind, bleiben die Würmer aktiv. Wurmkisten kann man auch im Haus aufstellen und das ganze Jahr über in ihnen Küchenabfälle entsorgen.

Was wird kompostiert?

Neben den Abfällen, die Sie auf einen kalten Kompost geben können (S. 72), können Sie in der Wurmkiste auch gekochte Gemüsereste, wie zum Beispiel Kartoffelschalen, entsorgen. Fisch- und Fleischreste sowie Milchprodukte gehören allerdings nicht hinein – ebenso wenig wie in den kalten Kompost.

Auch Schalen von Zitrusfrüchten und Knoblauch mögen die Würmer nicht. Entsorgen Sie diese auf dem Komposthaufen im Garten.

Kompostieren:

- alles, was auch auf den kalten Kompost kann
- gekochte Gemüsereste wie Kartoffelschalen

Eine Wurmkiste bauen

Es gibt zwar auch fertige Kisten zu kaufen, aber es ist sehr einfach, selbst eine zu bauen.

1. In den Boden eines größeren Kunststoffbehälters Dränagelöcher bohren. Geeignet sind Müllbehälter oder Eimer.

2. An einer Seite des Behälters, etwa 8 cm über dem Boden, einen Ablasshahn befestigen.

3. Den Boden des Behälters mit Styroporschnipseln füllen. Darauf ein Draht- oder Kunststoffgeflecht legen, sodass die Styroporstücke am Boden bleiben.

4. Darüber ein Stück Gartenvlies ausbreiten.

5. Darauf eine 10 cm hohe Schicht grobes, kompostierbares Material geben. Dafür eignet sich Stroh, Heu oder geschreddertes Papier.
Die Würmer in die Kiste geben.

6. Obst- und Gemüseabfälle dazugeben und diese mit feuchtem, geschredderten Papier vermischen.

7. Eine weitere Schicht Stroh, Heu oder Papier daraufgeben.

8. Mit einer Pappe passender Größe abdecken, damit der Inhalt nicht austrocknet.
Die Kiste so aufstellen, dass die Seite mit dem Hahn etwas tiefer liegt und die Feuchtigkeit dorthin läuft.

Flüssigdünger:

Die Flüssigkeit, die sich am Boden der Kiste sammelt, regelmäßig abzapfen.

Gut verdünnt (1 Teil Flüssigkeit auf 10 Teile Wasser) ergibt sie einen hervorragenden Dünger.

1 Teil Flüssigkeit
10 Teile Wasser

Microgreens & Keimsprossen in der Permakultur

Microgreens

Als Microgreens werden Pflanzen bezeichnet, die im Keimlingsstadium geerntet und roh verzehrt werden. Meist mischt man sie in Salate oder verwendet sie zur Dekoration. Sie sind sehr geschmacksintensiv und enthalten viele Vitamine und Mineralien.

Microgreens können das ganze Jahr gezogen werden und sind eine gute Möglichkeit, zum Ende der Gartensaison Saatgutreste aufzubrauchen. Im Winter zieht man sie im Haus – zum Beispiel auf einer sonnig gelegenen Fensterbank in der Küche – und erntet sie frisch.

Da sie innerhalb von wenigen Wochen oder sogar Tagen gezogen und geerntet werden, bilden sie kein tiefes Wurzelsystem aus. Sie brauchen also kein robustes Gefäß. Es genügen Plastikschalen, in denen Obst und Gemüse verkauft wird.

Microgreens ziehen

1. Mit einem Schaschlikspieß oder einem Messer Löcher in den Boden der Schale stechen.

2. Das Gefäß mit Erde füllen.

3. Die Erde mit einer gleich großen Schale oder einem anderen geeigneten Gegenstand festdrücken.

4. Die Erde vorsichtig befeuchten, bis Wasser abfließt.

5. Die Samen großzügig, aber gleichmäßig auf der Erde verteilen …

6. … und sie mit einer dünnen Schicht gesiebter Erde, Perlite oder Vermiculite abdecken.

7. Den Behälter auf ein sonnig gelegenes Fensterbrett stellen. Bei der Anzucht im Sommer vor praller Sonne schützen. Ernten, wenn die Keimlinge gut entwickelt sind.

Als Microgreens geeignet sind:

Kerbel (*Anthriscus cerefolium*)

Brokkoli* (*Brassica oleracea*)

Rotkohl (*Brassica oleracea*)

Rauke* (*Eruca sativa*)

Kresse* (*Lepidium sativum*)

Erbse* (*Pisum sativum*)

Radieschen* (*Raphanus sativus*)

Weißer Senf (*Sinapis alba*)

*auch als Keimsprossen geeignet

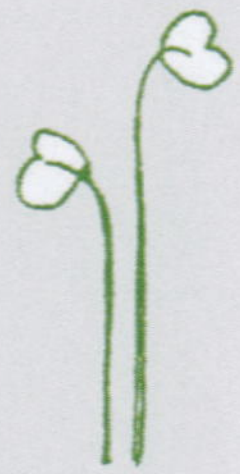

Keimsprossen

Als Keimsprossen bezeichnet man die gekeimten Samen. Im Gegensatz zu Microgreens, von denen nur die Blätter gegessen werden, isst man Keimsprossen ganz. Keimsprossen können im Glas das ganze Jahr gezogen werden.

- Die Samen mit kaltem Wasser spülen und für etwa acht Stunden einweichen.
- In einem Sieb abspülen und in ein Glas geben. Die Öffnung mit Musseline oder einem anderen dünnen Stoff verschließen.
- Zwei- bis dreimal täglich die Samen in lauwarmem Wasser spülen.
- Die Keime können verzehrt werden, wenn sie 0,5–2,5 cm lang sind.

Als Keimsprossen geeignet sind:

Rote Bete (*Beta vulgaris*)

Kichererbse (*Cicer arietinum*)

Sonnenblume (*Helianthus* spp.)

Luzerne (*Medicago sativa*)

Bockshornklee (*Trigonella foenum-graecum*)

Weizengras (*Triticum aestivum*)

Adzukibohnen (*Vigna angularis*)

Mungobohne (*Vigna radiata*)

III. Permakultur praktisch: Ein zukunftsfähiger Garten entsteht

Regel 6: Randzonen & Schichten gestalten

Regel 7: Schutz schaffen

Regel 8: Die Tierwelt einladen

Regel 9: Die Ernte steigern

Randzonen im Garten gestalten

Randzonen haben in der Permakultur einen hohen Wert. Dort treffen zwei Elemente oder zwei verschiedene Arten von Ökosystemen aufeinander.

Wiesen-Kerbel, der sich oft auf den schmalen Streifen zwischen Straßen und Hecken ansiedelt, dient einer Vielzahl an Lebewesen als Futterquelle und Lebensraum.

Was ist eine Randzone?

Randzonen gibt es überall in der Natur:

- am Ufer, wo Meer und Land aufeinandertreffen,
- an Waldrändern, wo Bäume auf Felder treffen,
- in Oasen, wo die Wüste auf Wasser trifft.

In solchen Bereichen herrscht oft eine besondere Dynamik. Es herrscht ein besonderes Kleinklima, das Arten fördert, die sich sehr von denen unterscheiden, die in aneinandergrenzenden Landschaftsformen leben. In Randzonen bilden sich die artenreichsten Ökosysteme.

In der Natur sind die Übergänge nur selten klar geformt. Meist sind sie fließend und wellenförmig. Das Beispiel eines Flusses, der sich durch ein Tal schlängelt, zeigt es gut: Bei starker Strömung bringt er viele Sedimente mit sich, aus denen fruchtbarer Boden entsteht.

Im Permakultur-Garten sollten wir das Beste aus den vorhandenen Randzonen machen. Und, falls Veränderungen an der Fläche geplant sind, produktive Randzonen gestalten, die die Artenvielfalt erhöhen.

Legen Sie in trockenem Boden einen Teich an, bepflanzen Sie die Ränder mit Kräutern, die unter kargen Bedingungen wachsen, aber vom Licht profitieren, das das Wasser reflektiert. Der Duft der Kräuter schafft eine erholsame Atmosphäre und Sie können sogar Kräuter ernten. Es ist also gleichzeitig ein produktiver Ort entstanden.

Randzonen anlegen

Runde Beete oder Teiche haben im Verhältnis zu ihrer Fläche den kleinstmöglichen Umfang. Daher sind Kreisformen bei der Gartengestaltung oft eine praktische Lösung.

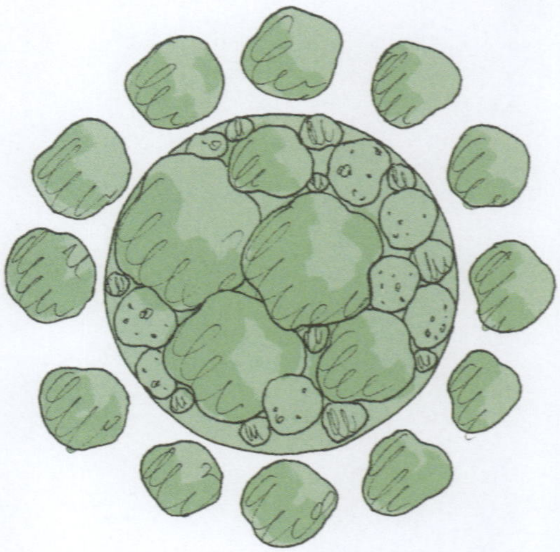

Gestalten Sie die Kante jedoch geschwungen, können Sie dort mehr Pflanzen aus den Randzonen setzen.

Schlüssellochbeete

Bei dieser Art der Gestaltung nutzen Sie die vorhandene bepflanzbare Fläche bestmöglich und sehr effektiv aus. Gleichzeitig sind die Kulturen leicht zu ernten.

Die einfachste Form ist rund, von der Einbuchtung aus können Sie die Pflanzen, die in der Mitte wachsen, gut erreichen. In größeren Beeten sind zusätzlich schmale Wege angelegt, von denen kleine, »schlüssellochförmige« abgehen. So sind alle Pflanzen gut erreichbar.

In einigen Systemen wird statt des mittleren Beets ein runder Komposthaufen angelegt oder ein Behälter zum Sammeln von Regenwasser aufgestellt.

In einem Schlüssellochbeet werden Pflanzen in Gruppen statt in Reihen gepflanzt. Alle Teile der Pflanzungen sind zum Ernten, Jäten oder Entfernen von Verwelktem vom Weg aus gut zu erreichen.

Der Waldgarten

Die Idee des Waldgartens ist wichtiger Teil der Permakultur. Ein bewirtschafteter Waldgarten imitiert den natürlichen Lauf eines Ökosystems (s. S. 18). Es entwickeln sich verschiedene Schichten, die alle produktiv sein können.

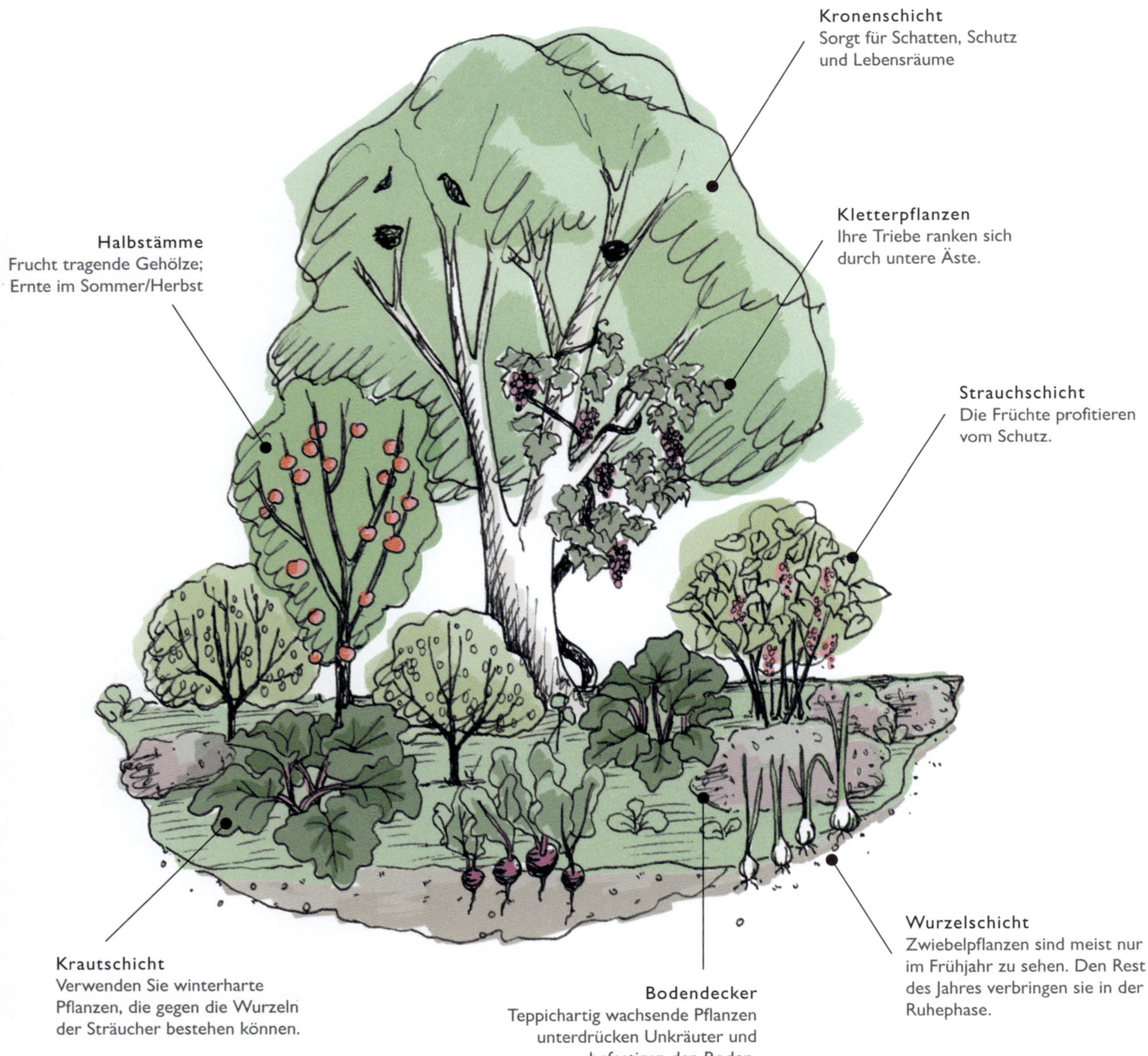

In Ihrem Garten können Sie die Idee der Agroforstwirtschaft mit einem Waldgarten umsetzen. Dort wird auf begrenzter Fläche viel Unterschiedliches geerntet.

- In einem großen Garten mit Bäumen (Zone 4) können Bereiche, die am weitesten vom Haus entfernt sind, als Waldgarten dienen.
- In kleinen Gärten kann die Kronenschicht aus einem Baum auf dem Nachbargrundstück oder an der Straße bestehen.

Kronenschicht

Sie besteht aus hohen Bäumen, die, wenn sie ausgewachsen sind, am meisten Platz, Sonnenlicht, Wasser und Nährstoffe benötigen:

- Holz liefernde Baumarten wie Eiche oder Buche
- Nüsse tragende Bäume wie Esskastanie oder Walnuss
- große Obstbäume wie Apfel, Birne oder Kirsche

Halbstämme

Dazu gehören hauptsächlich Obstbäume auf klein bleibenden Unterlagen, die leicht geerntet werden können.

Strauchschicht

Hierzu zählen Beeren- und Nusssträucher sowie Ziersträucher, die Bestäuberinsekten anziehen. Pflanzen Sie sie so, dass sie durch die Bäume vor Wind geschützt, aber nicht übermäßig beschattet werden.

- Einige Beerensträucher vertragen Schatten.
- Das Auf-den-Stock-Setzen von Sträuchern erhöht den Stickstoffgehalt des Bodens.

Kletterpflanzen

Die Bäume der Kronenschicht dienen Kletterpflanzen wie Wein oder Kiwi als Rankhilfe. Die Pflanzen der Strauchschicht wiederum beschatten ihre Wurzeln und die unteren Pflanzenteile. Die oberen Triebe wachsen zum Licht und blühen oberhalb der Strauchschicht. Bäume, die als Rankhilfe dienen sollen, sollten bereits kräftig sein, bevor man die Kletterpflanze dazu setzt.

Krautschicht

Hier wachsen hauptsächlich nicht verholzende Pflanzen. Neben ausdauernden Arten wie Rhabarber wachsen viele krautige Pflanzen unter dem Laubdach und bis zu seinen Rändern. Hier können Sie Mischkulturen anbauen, aber auch Blütenpflanzen, die Bestäubern als Nahrung dienen oder für die Vase geschnitten werden.

Bodendecker

Diese teppichartig wachsenden Pflanzen verhindern den Abtrag von Boden, liefern Nahrung und Lebensräume. Walderdbeeren und Minze sind ideal, da sie Schatten vertragen.

Wurzelschicht

Vergessen Sie Pflanzen mit essbaren Wurzeln und Knollen nicht! Knoblauch und Rote Bete haben noch dazu Blätter, die im jungen Stadium ebenfalls gegessen werden können. Einjährige Kulturen wie Rote Bete und Radieschen sollten früh im Jahr gesät werden. Dann keimen sie, solange die Bäume noch ohne Laub sind und sie gut mit Wasser und Sonnenlicht versorgt werden.

Agroforstwirtschaft

Die Agroforstwirtschaft ist eine Anbauweise, bei der Bäume in die Anbaufläche integriert werden. Die einfachste Form sind Wiesen mit Obst- oder Nussbäumen.

Alley Cropping

Beim sogenannten Alley Cropping wird Gemüse oder Getreide zwischen Gehölzreihen angebaut. Ab und zu werden größere Bäume gefällt, um das Holz zu nutzen. So entsteht ein vielfältiges Ökosystem, in dem Kunstdünger und Pestizide unnötig sind. Obstgehölze können abwechselnd mit Arten gepflanzt werden, die Stickstoff fixieren und regelmäßig auf den Stock gesetzt werden. Oder man wendet die »Cut & Go«-Methode an (S. 89).

In den Tropen

Die Agroforstwirtschaft ist in tropischem Klima besonders gut durchzuführen. Zu Beginn der Regenzeit setzt man Bäume und Sträucher auf den Stock, sodass die Einjährigen darunter viel Licht bekommen. In der Trockenzeit wiederum spenden die nun großen Bäume den Einjährigen Schatten, und diese können bequem geerntet werden.

In Gilden pflanzen

Im Mittelalter schlossen sich Handwerker zu Zünften oder Gilden zusammen – Gruppen, in denen man seine Arbeitserfahrung teilte, Netzwerke bildete, neue Aufträge bekam und private Kontakte knüpfte. Der Grundgedanke dahinter ist in die Permakultur eingeflossen: Hier werden Pflanzen zu Gesellschaften zusammengefasst.

Was ist das Pflanzen in Gilden?

In Gilden bzw. Lebensgemeinschaften zu pflanzen bedeutet, Arten zusammenzubringen, die zusammenpassen und für den Gartenbesitzer nutzbar sind. Die Pflanzen unterstützen sich oder teilen die vorhandenen Ressourcen. Wie so oft in der Permakultur handelt es sich bei den Gilden nicht um ein vorgeschriebenes Konzept. Eher dienen sie als Leitline, welche Pflanzen ausgewählt werden können. Dies kann nach verschiedenen Kriterien geschehen.

Gleiche Funktion

In dieser Gilde erfüllen alle Pflanzen die gleiche Funktion. Beispiele sind:

Stickstoff fixieren

- Geschnittene Weide oder Haselnuss
- Gründüngung

Gut für Nützlinge

- Blühpflanzen wie *Calendula officinalis*
- Hohes Gras als Versteck für Frösche und Kröten

Gegenseitige Unterstützung

In dieser Gilde erfüllen die Pflanzen unterschiedliche Funktionen, die anderen profitieren davon.

Gegenseitige Unterstützung

- Eine Pflanze fixiert Stickstoff.
- Eine zweite Pflanze zieht Bestäuber an.
- Eine dritte zieht natürliche Feinde von Schädlingen an.

Ressourcen nutzen

Bei dieser Pflanzengesellschaft haben die Arten unterschiedliche Ansprüche an die Umwelt. Sie wachsen nebeneinander, ohne sich zu beeinflussen.

Zwiebelpflanzen & Bäume

Früh blühende Zwiebelpflanzen bekommen, solange die Äste der laubabwerfenden Bäume noch kahl sind, Sonnenlicht und Regen. Treiben die Blätter aus, gehen die Zwiebeln in die Ruhephase. Beide Gruppen nutzen also Sonne und Regen, aber zu unterschiedlichen Jahreszeiten.

Flach- & Tiefwurzler

Flach wurzelnde, bodendeckende Pflanzen ziehen Nährstoffe aus anderen Bodenschichten als Tiefwurzler. So passen Erdbeeren und Zwiebeln oder Knoblauch gut zusammen, da die Bulben tiefer im Boden stecken, als die Wurzeln der Erdbeeren reichen.

Ein Kräutergarten ist ein typisches Beispiel für eine Gilde: Alle Pflanzen haben dieselben Ansprüche an den Standort und produzieren Blüten und Blätter, die als Gewürze oder zur Heilung verwendet werden.

Gilden bilden

Möchten Sie eine Gilde für Ihren Garten bilden, hilft es, eine Liste mit den Pflanzen anzulegen, die gleiche Ansprüche oder den gleichen Nutzen haben. Die Liste ist die Grundlage für das Kombinieren der Pflanzen.

- Unkraut-Stopper
- Mulchmaterial-Lieferanten
- Stickstoff-Fixierer
- Schädlingsabwehrer
- Pflanzen mit essbaren Blüten
- Pflanzen zum Flechten oder Schnitzen
- Pflanzen für Tiere

Wählen Sie aus diesen Listen, was Sie anbauen möchten, und wenden Sie dann das Prinzip der unterstützenden Gilde an: Wie profitieren die Pflanzen voneinander? Betrachten Sie die Auswahl anschließend unter dem Gesichtspunkt der genutzten Ressourcen. Würden die Pflanzen darum konkurrieren oder können sie gut nebeneinander existieren?

Einige Pflanzbeispiele

In Gilden zu pflanzen steigert den Ertrag und schafft ein Miniatur-Ökosystem. In diesem agieren die Pflanzen miteinander oder mit Insekten und anderen Tieren und Bodenorganismen oder sie erfüllen sogar mehrere Funktionen. In diesem rechteckigen Beet wurde ein gerader, schmaler Weg angelegt, von dem schlüssellochförmige Seitenwege abgehen. So kann fast die ganze Fläche genutzt werden.

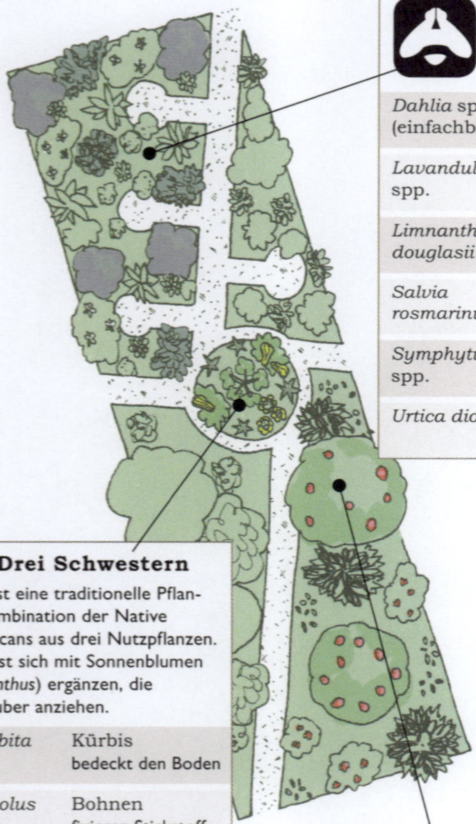

Bestäuber-Gilde

Alle Pflanzen ziehen Bestäuber an.

Dahlia spp. (einfachblühende Sorten)	
Lavandula spp.	Lavendel
Limnanthes douglasii	Spiegeleier-pflanze
Salvia rosmarinus	Rosmarin
Symphytum spp.	Beinwell
Urtica dioica	Große Brennnessel

Die Drei Schwestern

Dies ist eine traditionelle Pflanzenkombination der Native Americans aus drei Nutzpflanzen. Sie lässt sich mit Sonnenblumen (*Helianthus*) ergänzen, die Bestäuber anziehen.

Cucurbita spp.	Kürbis bedeckt den Boden
Phaseolus spp.	Bohnen fixieren Stickstoff
Zea mays	Zuckermais Rankhilfe Bohnen

Die Apfelbaum-Gilde

Die kleineren Pflanzen profitieren von den Bäumen.

Apfelbäume (2 Stück)		
Frühblüher *Narcissus* *Allium*	Narzissen Zier-Lauch	hemmen das Unkraut
Stauden *Cynara cardunculus*	Wilde Artischocke	Blätter im Herbst als Mulch
Einjährige *Tropaeolum*	Kapuziner-kresse	hält Schädlinge fern

Das Sukzessionsprinzip

Zunächst werden Sie Ihren Garten wahrscheinlich so planen, dass Sie möglichst schnell ernten können. Die Permakultur berücksichtigt jedoch auch die Entwicklung der Fläche auf lange Sicht – also die nächsten zehn bis 20 Jahre und darüber hinaus.

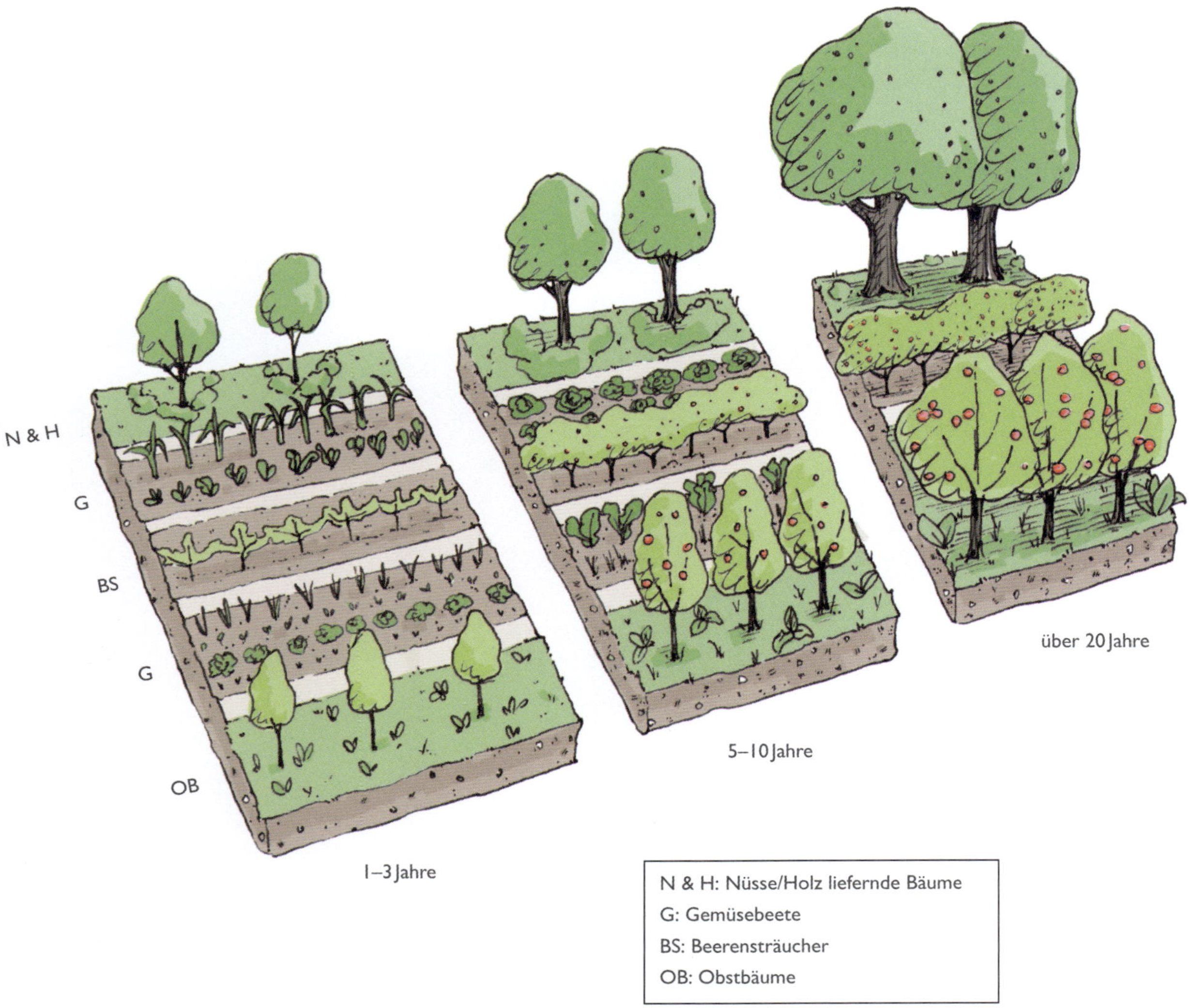

Die Pflanzen können in lockeren Gruppen stehen oder wie hier in Reihen. Im Lauf der Zeit bilden die langsamer wachsenden Gehölze einen Schutzgürtel oder einen Waldgarten.

Pflanzengesellschaften etablieren

Die erste Pflanzung ist eine Art Aufbau-Gilde. Neben »Pionierpflanzen«, also Kulturen, die schon bald geerntet werden können, und bodendeckenden Kräutern und Stauden enthält die Pflanzengesellschaft wahrscheinlich auch »Zielpflanzen« wie Obst, Nüsse oder Holz liefernde Bäume, die erst nach einigen Jahren beerntet werden können. Je größer sie werden, desto mehr beschatten sie die Pionierpflanzen und Sie können diese durch schattenverträgliche Alternativen ersetzen. Mit der Zeit entsteht so ein sich selbst versorgender Waldgarten.

Die Aufbau-Gilde besteht aus:

- Pionierpflanzen:
  einjährigen Nutzpflanzen, Kräutern und Stauden
- Zielpflanzen:
  Obst- und Nussbäumen, Holz liefernden Bäumen
- schattenverträglichen Pflanzen:
  Sie ersetzen die Pionierpflanzen.

Junge Obstbäume haben zunächst kaum Wirkung auf die Umgebung, und es dauert eine Weile, bis sie eine reiche Ernte tragen. In den ersten Jahren lässt man rund um sie Pflanzen oder Gras wachsen. Später, wenn die Kronen größer geworden sind und die Bäume kräftig tragen, sollten Sie dies ändern. Dann hält man die Fläche frei, um bequem ernten zu können.

Das Sukzessionsprinzip

Das Sukzessionsprinzip ist ein System, bei dem Pflanzen unterschiedlichen Wuchses gleichzeitig nebeneinander gepflanzt werden. So wird die Fläche bestmöglich ausgenutzt.

- Obst- und Nussbäume werden, auch wenn sie noch klein sind, im endgültigen Abstand gepflanzt – also so, als ob sie bereits groß wären.
- Beerensträucher pflanzt man mit gleichmäßigem Abstand dazwischen.
- Kräuter und ausdauernde Gemüsearten wie Artischocken setzt man dazwischen.
- Einjährige Kulturen pflanzt man in die Zwischenräume.

Bauen Sie die Einjährigen so lange an, bis die Gehölze groß sind und der Platz zwischen ihnen zu eng wird. Die Stauden und Kräuter pflanzen Sie dann später auf eine andere Fläche. Sind die Obst- und Nussbäume so groß, dass sie die Beerensträucher zu sehr beschatten, können die Sträucher ebenfalls verpflanzt werden. Oder man lässt sie an Ort und Stelle und legt einen Waldgarten an.

Sind die Bäume groß, können sie mit schattenverträglichen Kulturen wie Bärlauch oder Minze unterpflanzt werden. Ist das System gut eingespielt, siedeln sich Pilze an.

Esskastanien können alt werden und tragen dann reichlich Früchte.

Haselnusssträucher tragen schon Nüsse, wenn sie noch jung sind.

Die Fläche maximieren: vertikales Gärtnern

In der Natur bringen alle Schichten Ertrag, im Garten jedoch gibt es Hauswände und Zäune, die erst einmal kahl sind. Sie können jedoch zum Anbau von Pflanzen genutzt werden.

Oben: Bei manchen Systemen ist eine Bewässerung integriert. Unten: Niedrige, mattenbildende Pflanzen eignen sich fürs vertikale Gärtnern.

Um die Anbaufläche zu vergrößern, können Sie sowohl vertikale als auch horizontale Flächen nutzbar machen.

Beim vertikalen Gärtnern nutzt man sonnige und schattige Bereiche. Wählen Sie kompakt wachsende, flach wurzelnde Pflanzen. Besonders gut geeignet sind rankende Arten. Auch für die Dachbegrünung empfohlene Pflanzen eignen sich (S. 139). Mit Pflanzgefäßen, die an der Wand befestigt werden, können Sie Kräuter und andere essbare Pflanzen direkt an der Tür zum Garten ziehen.

Pflanzen für vertikales Gärtnern

Kapuzinerkresse

Sonnige Bereiche

Botanischer Name	Deutscher Name	Gut zu wissen
Limnanthes douglasii	Spiegeleier-pflanze	Zierpflanze; gut für Bestäuber
Lobularia maritima	Duft-Steinrich	Zierpflanze; gut für Bestäuber
Lycopersicon esculentum	Tomate	Rankende und Cherrytomaten
Ocimum basilicum	Basilikum	Kleinblättrige Arten
Petroselinum crispum	Petersilie	
Portulaca oleracea	Portulak	
Salvia spp.	Salbei	
Sedum spp.	Mauerpfeffer	Bodendeckende Zierpflanze; gut für Bestäuber
Thymus spp.	Thymian	
Tropaeolum	Kapuziner-kresse	Zwerg- und rankende Formen; essbar
Viola spp.	(Horn-) Veilchen	Essbare Blüten

Kopfsalat

Schattige Bereiche

Botanischer Name	Deutscher Name	Gut zu wissen
Allium schoenoprasum	Schnittlauch	
Barbarea verna	Barbara-kraut	
Eruca vesicaria	Wilde Rauke	
Fragaria vesca	Wald-erdbeere	
Hedera spp.	Efeu	Zierpflanze
Lactuca sativa	Salat	
Melissa officinalis	Zitronenme-lisse	
Raphanus sativus	Radieschen	
Rumex acetosa	Sauerampfer	
Viola spp.	(Horn-) Veilchen	Essbare Blüten

Mehr Informationen über geeignete Pflanzerde gibt es im Abschnitt »Die beste Erde für Pflanzgefäße« (S. 132).

Dachrinnen weiterverwenden

Natürlich gibt es spezielle Pflanzgefäße und Halterungen zur Montage an Wänden und Zäunen, es ist aber ein Leichtes – und günstiger –, diese selbst zu bauen. Sie brauchen dafür nur ein Stück gewöhnliche Dachrinne aus Kunststoff.

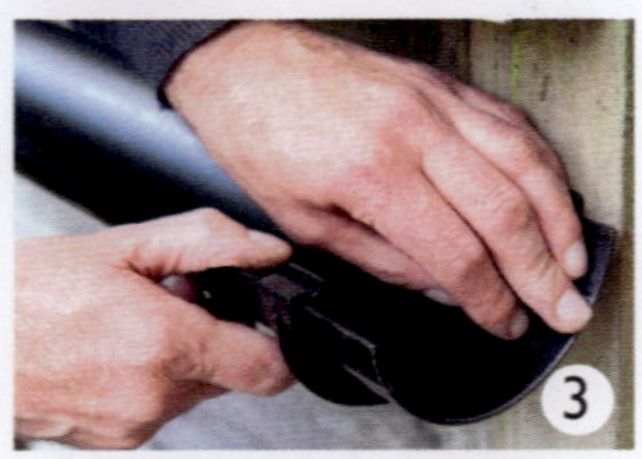

Die Halterung montieren:

An einer Mauer: Löcher hineinbohren und Dübel hineinstecken.

An einem Zaun: direkt in die senkrechten Zaunpfähle schrauben.

In einer Rinne Pflanzen kultivieren

1. Die Dachrinne auf die gewünschte Länge zuschneiden.

Mehrere Löcher in die Unterseite bohren, sodass Wasser abfließen kann.

2. Die Halterungen festschrauben.

3. Die Rinne in die Halterungen legen und einrasten.

4. Die Rinne mit Pflanzerde füllen.

5. Mit geeigneten Pflanzen bestücken.

Tipp:

Damit die bepflanzte Rinne nicht so schwer ist, können Sie etwa ein Drittel der Pflanzerde durch Perlite oder Vermiculite ersetzen.

Ein Heckengürtel:

Filtert Wind.

- Hält Wild- und Nutztiere fern.
- Zieht bestäubende Insekten an.
- Bietet Vögeln und Fledermäusen Schlafplätze.
- Bietet anderen nützlichen Arten (auch Pilzen) einen Lebensraum.
- Senkt den Schadstoffeintrag.
- Kann Schatten bieten (in manchen Situationen ist dies gewünscht).
- Mindert den Feuchtigkeitsverlust anderer Pflanzen.
- Mindert die Erosion leichter Böden.
- Mindert Salzschäden (Küstenregionen).
- Schützt vor Schneewehen.
- Verdeckt unschöne Aussichten.
- Erhöht Privatsphäre und Sicherheit.
- Mindert Heizkosten (in Wohnhaus, Gewächshaus und Folientunnel).

Mit Hecken & Pflanzen einen Windschutz gestalten

Der beste Windschutz ist ein breiter Gehölzstreifen, der ein Kleinklima erzeugt und die Artenvielfalt der gesamten Fläche erhöht. Auf lange Sicht kommt ein solcher Windschutz ohne zusätzliche Pflege aus.

Eine dichte Schutzbepflanzung hält kalte Winde fern und hilft Heizkosten zu sparen.

Unter idealen Voraussetzungen legen Sie die Windschutzpflanzung auf der am wenigsten sonnigen Seite des Wohnhauses an, also auf der Nordhalbkugel im Norden und auf der Südhalbkugel im Süden. So wird die Fläche nicht beschattet, aber vor starkem Wind geschützt. Ein weiterer Vorteil ist, dass dort viele Tiere einen Lebensraum finden.

Welche Pflanzen wählen?

Eine Windschutzpflanzung sollte aus laubabwerfenden und immergrünen Pflanzen bestehen. Immergrüne Pflanzen bieten Tieren im Winter Schutz. Die nackten Stämme der laubabwerfenden Gehölze mildern Herbststürme.

Die Pflanzung wird Menschen und Tieren Nahrung bieten. Beerensträucher und Nüsse wachsen in den unteren Schichten, darunter bedeckt ein Teppich essbarer Wildkräuter den Boden. Teile der Windschutzpflanzung können zum Waldgarten werden (S. 114).

Der dicht wachsende Mix aus Bäumen und Sträuchern schafft einen guten Windschutz für den Gemüsegarten.

Nutzen von Hecken

Eine Hecke bietet vielen Tieren einen Lebensraum, doch ihr Hauptzweck ist ihre Wirkung als Windschutz. Vor allem auf offenen Flächen ist dies wichtig. In bestimmten Fällen entsteht der effektivste Windschutz, indem man abwechselnd Lärchen (*Larix decidua*) und schnell wachsende Leyland-Zypressen (× *Cuprocyparis leylandii*) pflanzt.

Eine Ligusterhecke kann eine Grenze markieren und Schutz bieten. Hier wurden weitere Gehölze in den Windschatten gepflanzt.

Links: Lindenblüte
Rechts: Stechpalme

Gehölze für Windschutzpflanzungen

Einige Heckenpflanzen sind mehrfach nützlich. Sie sind Windschutz und bieten Tieren einen Lebensraum oder liefern Äste, aus denen man Pflanzenstützen bauen kann.

Botanischer Name	Deutscher Name	Gut zu wissen
Alnus cordata	Herzblättrige Erle	**L** Blüte im Frühjahr (Kätzchen)
Carpinus betulus	Hainbuche	**L**
Crataegus spp.	Weißdorn	**L** Blüte im Frühjahr; Früchte im Herbst
× *Cupressocyparis leylandii*	Leyland-Zypresse	**I** Schnell wachsend; schadstoffverträglich
Elaeagnus × *ebbingei*	Wintergrüne Ölweide	**I** Blüte im Herbst; gut für Küstenregionen
Fagus sylvatica	Rot-Buche	**L** Langsam wachsend
Hippophae rhamnoides	Sanddorn	**L** Früchte im Herbst*; gut für Küstenregionen
Ilex spp.	Stechpalme	**I** Früchte im Herbst*
Larix decidua	Lärche	**L**
Ligustrum vulgare	Liguster	**I** Blüte im Sommer, wintergrün
Taxus baccata	Eibe	**I** Früchte im Herbst*
Thuja plicata	Riesen-Lebensbaum	**I** Schadstoffverträglich
Tilia cordata	Winterlinde	**L** Blüte im Sommer

L – laubabwerfend
I – immergrün
* auf weiblichen Pflanzen, wenn kein Schnitt im Sommer

Künstlichen Windschutz anlegen

Wo kein Platz für eine Windschutzpflanzung ist, wählt man ebenso wirksame künstliche Strukturen. Allerdings muss man dann auf die zusätzlichen Vorteile, die die Pflanzen haben, verzichten.

Windschutzgewebe kann man zwischen senkrechten Pfählen aufspannen. Sie brauchen nur wenig Platz, bieten aber viel Schutz.

Künstlicher Windschutz ist gut:

- auf kleineren Flächen,
- um Schädlinge wie Kaninchen oder Wild fernzuhalten,
- wo Halbschatten gewünscht ist,
- wenn vorübergehend Windschutz notwendig ist, weil die Windschutzpflanzung noch zu klein ist.

Ein Zaun oder Segel kann Wind nicht aufhalten, aber ihn abmildern. Ein effektiver Windbrecher kann so wirksam sein, dass sein Effekt noch in einer Entfernung spürbar ist, die seiner zehnfachen Höhe entspricht.

Undurchlässige Zaunelemente sind nicht geeignet, Wind aufzuhalten. Er weht einfach darüber hinweg. Stürme können sogar ganze Zäune zum Kippen bringen.

Um besten Windschutz zu bieten, sollte ein Zaun zu 50–60 Prozent durchlässig sein. Dann wirkt er als Filter, der größere Schäden abwenden kann. Zaunelemente können Sie auch selbst aus trockenem Pflanzenmaterial wie Weiden- oder Haselnusstriebe herstellen. Oder Sie verwenden künstliche Materialien wie Kunststoffgewebe. Solche Windschutzgewebe sind im Handel in Rollen erhältlich.

Windbrecher aufstellen

Windbrecher sollten grundsätzlich zur vorherrschenden Windrichtung ausgerichtet sein, die an verschiedenen Stellen im Garten unterschiedlich sein kann. Sie können sie aber auch dort errichten, wo die kältesten Winde wehen, da diese den meisten Schaden anrichten.

Auf einer geneigten Fläche kann es sinnvoll sein, mehrere Windbrecher aufzustellen, denn hier kommt es vor, dass die Luft in verschiedenen Richtungen verwirbelt wird (siehe »Die Geländeform des Gartens«, S. 38).

Elemente befestigen

Windschutzelemente oder -segel müssen sicher an stabilen Holz- oder Metallpfosten befestigt werden. Verwenden Sie für Holz rostfreie Nägel oder Krampen, für Metall Kabelbinder.

- Verankern Sie die Pfosten fest mit speziellen Halterungen im Untergrund oder gießen Sie aus Beton ein Punktfundament von bis zu 75 cm Tiefe. Auf feuchtem Boden, wo Holz verrotten würde, sollten Sie Betonhalterungen verwenden.
- Pfosten für einen Windschutz bis zu 1,5 m Höhe sollten mindestens 9 cm dick sein. Der Abstand zwischen zwei Pfosten sollte der zweifachen Pfostenhöhe entsprechen.
- Pfosten für einen Windschutz über 1,5 m Höhe sollten 10–15 cm dick sein und im Abstand der Pfostenhöhe aufgestellt werden.
- Das Gewebe muss straff gespannt sein.

Eine Totholzhecke anlegen

Zäune aus Gehölzschnitt werden Totholz- oder Benjeshecken genannt. Kleinere Hecken können Sie selbst errichten, indem Sie wie beim Korbflechten Äste und Zweige durch senkrecht stehende Pfähle weben.

Mit dieser Zaunart können Sie auch Hochbeete einfassen oder den Garten unterteilen.

Obwohl sie keine lebende Struktur ist, bietet eine Totholzhecke Tieren einen Lebensraum. Siedeln sich dort Wildpflanzen an, entsteht eine artenreiche Randzone.

Der geschützte Anbau

Besteht die Möglichkeit, geschützt, also in einem Gewächshaus oder einem Folientunnel zu gärtnern, erhöht sich die Anzahl und Vielfalt der Pflanzen, die Sie anbauen können.

Gewächshäuser gibt es frei stehend oder als Anlehngewächshaus an eine Hauswand gebaut. Letzteres kann man so konstruieren, dass es direkt vom Haus aus betreten werden kann. Sonnig gelegene Wände speichern Wärme und geben sie wieder ab, sodass Anlehngewächshäuser die Sonnenenergie sehr effektiv nutzen. Folientunnel sind meistens frei stehend.

Mit einem Gewächshaus oder Folientunnel können Sie:

1. die Anbauzeit im Frühjahr und Herbst verlängern.
2. Pflanzen kultivieren, die für den Anbau im Freien nicht geeignet sind.
3. Pflanzen vor starken, austrocknenden Winden schützen.
4. Samen zur Keimung bringen, die für den Anbau im Freien nicht geeignet sind.

Gewächshäuser

Gewächshäuser bestehen aus einem Metall- oder Holzrahmen, der auf ein stabiles Fundament aus Beton oder Holz montiert ist. Dieser Rahmen ist mit Glas oder einem anderen synthetischen Material versehen. Einige Modelle sind unten mit Holz verkleidet oder stehen auf einem Sockel aus Backsteinen, andere direkt auf dem Boden. Die Form ist üblicherweise quadratisch oder rechteckig, es gibt aber auch achteckige Modelle oder solche in Kuppelform.

Da der Boden meist versiegelt ist, werden die Pflanzen überwiegend in Töpfen kultiviert. Ist der Boden offen, kann man direkt in den Boden pflanzen.

Folientunnel

Ein Folientunnel besteht aus mehreren stabilen Metallbögen, über die eine dicke, durchsichtige Folie gespannt wird. Manche Modelle haben senkrechte Seitenwände, bei anderen zieht sich der Bogen bis nach unten. Folientunnel werden meist über dem offenen Boden aufgestellt.

Folientunnel stehen meist über dem offenen Boden. Die Wege, die an den Beeten entlangführen, werden einfach flach getreten. Über dem mittleren Beet ist der Tunnel am höchsten. Hier haben Kletterpflanzen ausreichend Platz.

Folienarten

Gewächshausfolie ist energieeffizienter als Glas, sodass weniger Wärme verloren geht. Die verschiedenen Folienarten sind für verschiedene Kulturen geeignet. Einige lassen möglichst viel UV-Strahlung durch, andere schaffen ein Lichtspektrum, das dem in den unteren Waldschichten entspricht.

Folien auswählen

Wenn Sie einen Folientunnel bauen möchten, sollten Sie sich immer für eine Folie von guter Qualität entscheiden. Günstige Folie ist dünn und wird schnell brüchig, wenn sie den Elementen ausgesetzt ist. Deshalb sollten Sie eine Folie mit einer Dicke von mindestens 200 Mikrometer wählen.

Etwa alle fünf Jahre muss die Folie ausgetauscht werden.

Gut zu wissen:

Noch ist es nicht möglich, Polyethylen, das aus fossilen Materialien besteht, auf eine umweltverträgliche und nachhaltige Weise herzustellen. Hochwertige Folien können jedoch wiederverwertet werden, wenn sie ausgetauscht werden müssen.

Die Saison verlängern

(Fortsetzung von »Der geschützte Anbau«)

Ausrichtung

Um die größtmögliche Menge Sonnenlicht nutzen zu können, sollten Folientunnel und frei stehende Gewächshäuser auf der Ost-West-Achse ausgerichtet werden. Stellen Sie sie so auf, dass sie vor Wind geschützt sind und nicht von Bäumen oder Gebäuden beschattet werden.

Temperatur

In einem Gewächshaus oder einem Folientunnel ist es meistens wärmer als draußen, es herrscht ein eigenes Kleinklima. Behalten Sie mithilfe eines Thermometers die Temperatur im Auge. An heißen Sommertagen kann es schnell so warm werden, dass die Pflanzen leiden.

Bei heißem, trockenem Wetter

Während trockener Hitzeperioden öffnen Sie alle Lüftungsklappen sowie die Türen. Eventuell ist es notwendig, eine Schattierung anzubringen, sodass es innen kühler bleibt. Sinken die Temperaturen, wird diese wieder entfernt.

Das Befeuchten versiegelter Böden im Gewächshaus senkt ebenfalls die Temperatur (und erhöht die Luftfeuchtigkeit), aber es verbraucht Wasser. Stattdessen können Sie wassergefüllte Eimer zwischen die Pflanzen stellen. Das Wasser verdunstet langsam und kühlt die Luft ab.

Im Winter

Im Winter ist die Temperatur drinnen nur wenige Grad höher als draußen. Frostschäden können auftreten. In einem Anlehngewächshaus ist es meist etwas wärmer, aber die Pflanzen sind trotzdem gefährdet. Nutzen Sie den Platz zum Überwintern von Kübelpflanzen. Sie können Gewächshäuser und Folientunnel mit durchsichtiger Noppenfolie isolieren, die Sie mit robustem Klebeband am Rahmen befestigen. Öffnen Sie an wärmeren Tagen die Türen, sodass die Luft zirkulieren kann.

Viele Gewächshausheizungen werden mit fossilen Brennstoffen betrieben und passen nicht in einen Permakultur-Garten. Mit ökologischen Stromquellen wie Solarzellen können Sie das Gewächshaus jedoch frostfrei halten.

Sommer

1. Alle Lüftungsklappen und die Türen öffnen.
2. Mit einer Schattierung die Temperatur senken.
3. Zum Abkühlen der Luft Eimer mit Wasser zwischen die Pflanzen stellen.

Winter

1. Pflanzen in Töpfen schützen.
2. Gewächshaus oder Folientunnel mit durchsichtiger Folie isolieren.
3. Für eine Heizung ökologisch erzeugten Strom nutzen.

Oben links: Nutzen Sie im Sommer die hohen Temperaturen im Folientunnel oder Gewächshaus, um Kräuter für den Winter zu trocknen.
Oben rechts: Bei geöffneten Türen können Enten und anderes Geflügel im Gewächshaus oder Folientunnel auf die Jagd nach Schädlingen gehen.

Gießen

Die Wasserversorgung ist im geschützten Anbau immer ein Thema. Wenn möglich, stellen Sie in direkter Nachbarschaft eine Regentonne auf. So können Sie das gewonnene Regenwasser direkt nutzen. Ansonsten schließen Sie einen Schlauch an einen Außenhahn an, sodass Sie die Pflanzen leicht versorgen können.

Schädlinge und Krankheiten

Unter Glas oder Folie treten wesentlich öfter Schädlinge und Krankheiten auf als im Freien. Durch die Wärme und die hohe Luftfeuchtigkeit können sie sich gut vermehren. Außerdem gibt es in dem begrenzten Raum eines Gewächshauses oder Folientunnels weniger natürliche Feinde.

Den Schaden gering halten

- Im Sommer schützt eine gute Belüftung vor Krankheiten. Stellen Sie die Pflanzen nicht zu dicht, da das die Luftfeuchtigkeit erhöht. Stehen Ihre Pflanzen in Töpfen, stellen Sie sie nach draußen, wo die Luft zirkulieren kann.
- Zur Bekämpfung der üblichen Gewächshaus-Schädlinge gibt es biologische Mittel. Weiße Fliege und Dickmaulrüssler kann man mit Nützlingen bekämpfen. Diese kann man online bestellen und sie im Gewächshaus oder Folientunnel aussetzen.
- Halten Sie Hühner, Enten oder anderes Geflügel (S. 154), lassen Sie diese von Zeit zu Zeit in den Folientunnel – am besten, wenn es kühl oder nass ist und sie sowieso nicht gerne draußen sein wollen. Die Tiere fressen Insekten und Schnecken.

Folienbespannte Bögen

In geringem Maß kann man Pflanzenreihen oder einzelne Exemplare mit folienbespannten Bögen schützen. Sie bieten alle Vorteile eines Folientunnels und halten Schädlinge fern.

Die Pflanzen werden vor starker Sonne geschützt.

Schutz des Kohls vor Vögeln.

In Gefäßen gärtnern

Im geschützten Anbau stehen die Pflanzen oft in Töpfen. Mit Pflanzgefäßen können Sie aber auch geschützte Ecken draußen begrünen, an denen sonst nichts wachsen würde. Dazu gehören gepflasterte Terrassen oder Innenhöfe, aber auch Wände von Haus und Schuppen.

Die verschiedenen Pflanzgefäße

Am praktischsten sind Pflanzgefäße aus Kunststoff. Sie sind günstig und leicht und können einfach bewegt werden.

Auch wenn Kunststoff aus fossilen Rohstoffen gefertigt wurde, bestehen Blumentöpfe meist aus Recyclingmaterial. Nutzen Sie die Töpfe so oft wie möglich. Die meisten sind sehr haltbar und werden erst nach ein paar Jahren brüchig, vor allem wenn sie starker Sonne ausgesetzt waren. Entsorgen Sie kaputte Töpfe im Hausmüll, da sie nicht weiterverwendet werden können.

Es gibt auch Töpfe aus Bambusfaser und anderen organischen Materialien. Diese können auf den Komposthaufen gegeben werden, wo sie sich mit den Jahren zersetzen.

Terrakotta- und Steingefäße sind schwer und daher eher für große, mehrjährige Pflanzen geeignet.

Normale Töpfe sind so breit wie tief. Für verschiedene Pflanzen gibt es unterschiedliche Größen.

- Tiefe Gefäße eignen sich für Pflanzen mit einem tief reichenden Wurzelsystem wie Tomaten.
- Flache Gefäße wählt man für Pflanzen mit flächigen Wurzeln wie kriechend wachsender Thymian, Oregano und andere Kräuter.
- Rechteckige, flache Gefäße eignen sich zur Anzucht von Samen, die später in normale Töpfe umgesetzt werden.

Gefäße aus abbaubarem Material

Sie bestehen aus Kokosfaser, Recyclingpapier oder Kuhmist und eignen sich zur Anzucht. Gießt man die Keimlinge, werden die Töpfe weich. Wachsen die Wurzeln aus der Seite und dem Boden, können die Sämlinge ausgepflanzt werden, die Wurzeln leiden dabei nur minimal. Die Gefäße zersetzen sich im Boden. Aus alten Zeitungen können Sie Anzuchttöpfe selber machen (S. 104). Töpfe aus Torf (S. 132) sind zwar abbaubar, sollten aber nicht verwendet werden, um die Torfmoore zu schonen.

Nutzen Sie Gefäße auch für …

Pflanzen, die spezielle Ansprüche an den Boden haben: Heidelbeeren benötigen saure Bedingungen, mediterrane Kräuter wachsen am besten in durchlässiger, grobkörniger Erde.

Pflanzen, die in kleinen Töpfen besser wachsen – Feigen zum Beispiel, setzen mehr Früchte an, wenn die Wurzeln eingeengt sind.

Pflanzen wie Tomaten, die empfindlich gegenüber bodenbürtigen Krankheiten sind.

Pflanzen, die den Winter im Freien nicht überstehen. Im gemäßigten Klima vertragen Zitruspflanzen und Olivenbäume keinen starken Frost. In Töpfen kann man sie jedoch gut kultivieren. Sinken die Temperaturen unter den Nullpunkt, stellen Sie sie an einen geschützten Platz.

Kartoffeln im Sack anbauen

Während Kartoffeln als Hauptkultur möglichst lange im Boden bleiben sollen (S. 162), können Sie Frühkartoffeln auch im Gefäß anbauen. Das hat den Vorteil, dass Sie sie dann schneller ernten können. Da fast alle Sorten frostempfindlich sind, sollten die Gefäße geschützt aufgestellt werden, zum Beispiel nahe der Hintertür.

Wer Kartoffeln unter Folie oder Glas anbaut, nutzt Gewächshaus oder Folientunnel früh im Jahr, wenn die Flächen dort sonst leer bleiben würden.

1. Pflanzkartoffeln so früh wie möglich im Jahr kaufen.

2. Ein mindestens 45 cm großes Gefäß etwa 15 cm tief mit Erde füllen.

3. Die Knollen knapp unter die Erde legen.

4. Treiben die Knollen aus, so viel Erde daraufgeben, dass nur noch die oberen Blätter herausschauen.

5. Diesen Vorgang so lange wiederholen, bis das Gefäß ganz gefüllt ist.

Das Gefäß an einen hellen und gut belüfteten Ort stellen und ausreichend gießen. Die Kartoffeln werden geerntet, sobald sich die ersten Blüten zeigen.

Blumenerde

Auch wenn Sie hierfür viel Erde benötigen, können Sie diese nach der Kartoffelernte wieder auffrischen und weiterverwenden (S. 134).

Die beste Erde für Pflanzgefäße

Es lohnt sich, in hochwertige Blumenerde zu investieren. Ein gutes Substrat wird nachhaltig produziert und bringt die besten Ergebnisse. Im Gegensatz zu Billigprodukten, die am Ende der Saison entsorgt werden müsssen oder im besten Fall auf den Komposthaufen kommen, können gute Erden wieder aufgefrischt werden.

Was ist Blumenerde?

Blumenerde wird speziell für Pflanzen in Töpfen angemischt. Sie ist steril und enthält keine Bakterien, die die Pflanzen schädigen könnten.

Viele Produkte bestehen noch zu einem Großteil aus Torf. Man teilt sie nach ihrer Verwendung ein. Erden mit einem geringen Nährstoffgehalt sind für die Aussaat oder für Stecklinge geeignet. Erden mit mittlerem Nährstoffgehalt für Blumenzwiebeln und Stauden, solche mit hohem Nährstoffgehalt für Fruchtgemüse. Universalerden können für mehrere Zwecke verwendet werden.
Um die Moore zu schützen, sollten Sie beim Kauf darauf achten, nur torffreie Produkte zu wählen.

Fakten zum Torf

CO_2 Torf entsteht in Mooren, die einen einzigartigen Lebensraum für bestimmte Tiere, Pilze und Pflanzenarten darstellen. Torf bindet Kohlenstoff und reduziert so den Anteil des Treibhausgases Kohlendioxid (CO_2) in der Atmosphäre.

- Früher wurde Torf in moorreichen Regionen zum Beheizen der Häuser genutzt.
- Torf enthält keinen der für das Pflanzenwachstum wichtigen Nährstoffe. Er wird jedoch verwendet, weil er die Struktur von Erden verbessert.
- In Erde gemischt neigt Torf zum Austrocknen und ist nur sehr schwer wieder feucht zu bekommen. Gibt man Wasser dazu, fließt es ab, die Wurzeln bleiben trocken.
- Torf gehört zwar zu den erneuerbaren Ressourcen, es dauert jedoch 9000 Jahre, bis eine 10 m dicke Torfschicht entsteht. Man sollte den Einsatz von Torf beim Gärtnern deshalb unbedingt vermeiden.

Es dauert Jahrhunderte, bis ein Torfmoor entsteht.

Warum Qualität zählt

Blumenerde ist in vielen Qualitäten erhältlich. Oft ist Torf enthalten. Er hat eine weiche Struktur, enthält aber keine Pflanzennährstoffe. Diese werden in Form anderer Komponenten zugegeben.

Die besten torffreien Blumenerden bestehen aus einem Mix aus Rindenhumus, Grüngutkompost, Ton und Kokosfaserprodukten. Gut verfügbare, erneuerbare Stoffe, die Nährstoffe zur Verfügung stellen und Wasser speichern, es aber auch gut ablaufen lassen.

Städtischer Kompost

Viele Gemeinden haben ein Abfallkonzept, im Rahmen dessen sie Biomüll, also Pflanzenreste aus Privathaushalten und Unternehmen, sammeln und kompostieren. Er verrottet bei hohen Temperaturen und wird dann verkauft, manchmal auch an Privatgärtner.

Dieser Kompost hat meist einen hohen Nährstoffgehalt und einen hohen pH-Wert und ist damit nicht für Pflanzen geeignet, die einen sauren Boden mögen. Auch kann er Chemikalien enthalten, die die Kompostierung unbeschadet überstehen. Nutzen Sie städtischen Kompost daher nur, wenn es nicht anders geht. Am besten geeignet ist er für Pflanzungen wie Hecken oder Beete mit Zierpflanzen, die Bestäuber anziehen sollen.

Günstige Blumenerden, die städtischen Kompost enthalten, sind oft von nicht einheitlicher Qualität.

Was kann ich zu Blumenerde mischen?

Eine hochwertige torffreie Blumenerde kann und sollte direkt nach dem Kauf aus dem Sack verwendet werden. Geben Sie die folgenden Materialien dazu, können Sie die Qualität noch verbessern.

- Perlite (1) oder Vermiculite (3) verbessern die Dränage- und Wasserhaltefähigkeit.
- Laubkompost kann den Humusgehalt erhöhen. Davon profitieren vor allem Gehölze.
- Gemahlenes Vulkangestein (2) enthält Mineralien und verbessert die Bodenfruchtbarkeit.

1

2

3

Blumenerde wieder auffrischen

Pflanzen verbrauchen die in Blumenerde enthaltenen Nährstoffe. Enthält die Erde wenig strukturstabiles Material wie Torf oder Kokosfaser, hat sie zum Ende der Gartensaison auch ihre Struktur verloren. Sie kann dann nur noch zum Mulchen verwendet oder auf den Komposthaufen gegeben werden. Mit Kokosfasern und frischem fertigem Kompost oder einem anderem organischem Dünger können Sie ihr aber zu neuem Leben verhelfen.

Kokossubstrat ist getrocknet und zu Blöcken in Backsteingröße gepresst erhältlich. Legt man diese in Wasser, verdoppeln sie ihre Masse.

Was ist Kokossubstrat?

Kokosfaser ist ein steifes, raues Material, das aus der Hülle von Kokosnüssen gewonnen wird. Kokospalmen gehören zu den wichtigsten, weltweit verbreiteten Nutzpflanzen. Sie werden in tropischen und subtropischen Regionen angebaut. Die Früchte dienen als Nahrung, das Öl wird von der Kosmetik- und Lebensmittelindustrie verwendet. Die Palmen sind sehr standfest und tolerant gegenüber salziger Luft. Sie werden oft zum Anlegen von Windschutzpflanzungen eingesetzt und überstehen tropische Stürme.

Kokosfasern sind ein Nebenprodukt, aus dem man Seile und Matten fertigt oder das zum Dachdecken verwendet wird. Es ist aber auch ein hervorragendes Pflanzsubstrat.

Kokossubstrat verwenden

Dank der feinen und rauen Fasern kann Kokossubstrat in seinen Poren Luft und Wasser speichern. Allein verwendet, kann es zwar gut Feuchtigkeit halten, jedoch keine Nährstoffe. Manche Gärtner nutzen es als Stecklingssubstrat, für die meisten Zwecke sollte es jedoch mit anderen Materialien gemischt werden. So lässt es sich für verschiedene Pflanzen verwenden.

Auch wenn Kokosfasern ein nachwachsender Rohstoff und ein Abfallprodukt und daher für die Permakultur geeignet sind, sollten Gärtner in gemäßigten Zonen diesen Vorteil gegen die Umweltbelastung abwägen, die durch den Transport entsteht.

Mischt man Kokosfasern mit Kompost und Rindenhumus, erhält man eine gute Blumenerde. Schwieriger ist es, den pH-Wert, die Wasserhaltefähigkeit und den Nährstoffgehalt einzustellen und ein unkrautfreies Substrat zu erhalten. Die Ergebnisse können sehr unterschiedlich sein. Die Materialien können Krankheitserreger wie Pilze und Bakterien enthalten, die die Keimlinge faulen lassen. Man verwendet die Erde also besser nicht für die Aussaat.

Alte Erde wiederverwenden

1. Einen Block Kokosfaser in einen großen, wasserdichten Behälter legen.
Mit warmem Wasser vollständig bedecken.
Aus einem Block von 650 g Gewicht erhält man 9 Liter Blumenerde.

2. Nach mehreren Stunden hat der Block das meiste Wasser aufgenommen. Mit den Händen zerbröckeln, sodass trockene Klumpen aus der Mitte das restliche Wasser aufsaugen können.

3. Die gleiche Menge alter Blumenerde (50:50) dazugeben und beide Materialien gut miteinander vermischen.

4. Organischen Dünger, wie Hühnermist-Pellets oder mehrere Teelöffel Knochenmehl, dazugeben. Außerdem eine Handvoll gemahlenes Vulkangestein daruntermischen. Das erhöht den Gehalt an Mineralien.

Alternativ

Erde und Kokossubstrat in eine Schale geben und diese in einen stabilen Müllsack stecken. Oben zubinden und darauf klopfen oder gut schütteln, bis beides gut gemischt ist.

Winterschutz für Pflanzen

Bei Frost können junge Bäume und Sträucher Schaden nehmen. Auch wo Windschutzpflanzungen noch nicht groß genug sind, kann es notwendig sein, Pflanzen zu schützen. Ältere, schon gut eingewachsene Pflanzen haben dagegen so tiefe Wurzeln, dass Frost ihnen nichts anhaben kann.

Man kann Pflanzen gut über den Winter bringen, indem man die oberirdischen Teile mit Stroh schützt. Auf dieselbe Weise können Sie Triebe und Blätter von Kübelpflanzen vor Frost bewahren.

Kübelpflanzen

Der empfindlichste Teil von Kübelpflanzen ist das Wurzelsystem. Im Boden sind die Wurzeln gut geschützt, in Pflanzgefäßen liegen sie jedoch nahe den Wänden des Gefäßes und können Erfrierungen davontragen – vor allem wenn die Erde nass ist.

Kübelpflanzen schützen

Es gibt verschiedene Möglichkeiten, die Wurzeln zu schützen.

- Das Gefäß in Noppenfolie oder Jute wickeln (alte Pullis oder Strickjacken erfüllen denselben Zweck).
- Das Gefäß in einen größeren Topf stellen und den Zwischenraum mit Styroporstücken füllen.
- Bei Pflanzen, die an Wänden wachsen, ein Stück Kaninchendraht oder ein Netz über den Stamm legen und an der Wand befestigen. Dann den Zwischenraum mit Stroh ausstopfen.
- Im Notfall, wenn Eile geboten ist, empfindliche Pflanzen in Vlies (oder eine alte Gardine) wickeln und dieses mit Wäscheklammern an den Trieben befestigen.

Oben: Styroporstücke klein brechen. Unten: Den Topf in ein größeres Gefäß stellen und den Zwischenraum mit dem Styropor ausstopfen.

Pflanzen winterfest einpacken

1. Vor den ersten harten Frösten Kaninchendraht oder Kunststoffnetz zuschneiden und einen Zylinder formen, der einmal um die Pflanze passt.

2. Um die Pflanze stellen. Die Enden überlappen lassen und mithilfe eines stabilen Stabs, zum Beispiel aus Bambus, fixieren, indem man ihn durch den Draht steckt.

Den Stab in den Boden drücken, sodass der Drahtzylinder die Pflanze bis zur Basis bedeckt.

3. Vorsichtig Stroh in den Zylinder stopfen, bis alle Zwischenräume zwischen den Trieben gefüllt sind.

4. Weiche Triebe nach innen biegen und mit Stroh fixieren.

Gut zu wissen:

Das Stroh nur lose in den Zylinder stopfen. So kann die Luft zirkulieren und Feuchtigkeit, die durch Regen oder schmelzenden Schnee entstanden ist, trocknet schnell ab. Auch wenn nach starkem Frost einzelne Triebspitzen schwarz werden, erholt sich die Pflanze wieder.

Sind keine starken Fröste mehr zu erwarten, den Zylinder und das Stroh entfernen. Das Stroh kann kompostiert oder als Mulch oder zum Anhäufeln von Kartoffeln verwendet werden.

Eine Dachbegrünung anlegen

Obwohl dort blühende Pflanzen wachsen können, werden Dächer oft nicht genutzt. Eine Dachbegrünung oder ein Dachgarten sind vor allem in der Stadt wertvoll, wo Grünflächen rar sind.

Manche Unternehmen lassen auf ihren Gebäuden eine Dachbegrünung anlegen, die dann meist professionell gepflegt wird. Der Bau kostet Geld und Zeit. Im privaten Umfeld können Sie Schuppen, Wirtschaftsgebäude oder andere Zweckbauten wie den Carport oder Holzschuppen mit einer Dachbegrünung versehen. Auf kleinster Fläche funktioniert das sogar auf einem Vogelhäuschen oder einem Insektenhotel (S. 142).

> Gut zu wissen:
> Viele Materialien, die für eine Dachbegrünung benötigt werden, bestehen aus fossilen Materialien. Der Nutzen für die Tier- und Pflanzenwelt ist jedoch so hoch, dass dieser Aspekt in den Hintergrund tritt.

Der Aufbau einer Dachbegrünung

In Städten dienen Dachgärten als »grüne Lunge«, die Schadstoffe aufnimmt.

Schicht 5

Die Fläche bepflanzen. Gut feucht halten, bis die Pflanzen eingewachsen sind und eine dichte Decke bilden.

Schicht 4

Das Pflanzsubstrat auf dem wasserdurchlässigen Gewebe verteilen. Geeignet ist eine Mischung aus gleichen Teilen Blumenerde und Perlite, Vermiculite oder Blähton.

Pflanzen für die Dachbegrünung

Geeignet sind Pflanzen, die Trockenheit vertragen. Man erkennt sie an fleischigen Blättern, die Wasser speichern können. Sie sind oft als fertige Vegetationsmatten erhältlich, die man nur noch auf das wasserdurchlässige Gewebe legen muss. Natürlich kann man die Pflanzen auch einzeln kaufen.

Allium schoenoprasum
Schnittlauch

Sempervivum
Hauswurz

Thymus spp.
Thymian

Sedum

Links: *Sedum kamtschaticum*

Da das Gießen einer Dachbegrünung nicht einfach ist, sind flach wachsende *Sedum*-Arten, die sehr wenig Wasser benötigen, die ideale Wahl. Sie wachsen gleichmäßig und brauchen nur wenig Pflege. Schnell bilden die einzelnen Exemplare einen dichten, grünen Teppich. *Sedum*-Blüten ziehen viele nützliche Insekten an.

Botanischer Name	Deutscher Name	Gut zu wissen
Sedum kamtschaticum	Kamtschatka-Sedum	Sehr winterhart
Sedum acre	Scharfer Mauerpfeffer	
Sedum 'Czar's Gold'	Garten-Fetthenne	Helles, gelbes Laub
Sedum rupestre	Felsen-Fetthenne	Sehr ausbreitungsfreudig
Sedum sieboldii	Oktober-Fettblatt	Am besten in mediterranem Klima
Sedum spurium	Teppich-Fettblatt	Sehr winterhart

Warum es wichtig ist, Lebensräume für Tiere zu schaffen

Ein Permakultur-Garten ist eine Art Naturreservat. Er ist ständig im Wandel und steckt voller Leben. Manche Lebensformen wirken im Verborgenen, aber jede hat eine Funktion. Ist das Angebot an Nahrung und Unterschlupfmöglichkeiten vielfältig, nimmt keine Art überhand.

Tierarten

Kleinsäuger

Die meisten der Kleinsäuger kann man getrost im Garten willkommen heißen. Sie ernähren sich von Wirbellosen, die im Boden leben.

Vögel

Auch Vögel fressen Bodenlebewesen, halten aber auch fliegende Insekten in Schach.

Amphibien

Amphibien wie Frösche und Kröten sind eine große Hilfe bei der Bekämpfung von Schnecken. Wie diese lieben sie kühle, feuchte Gartenecken.

Wirbellose

Die Wirbellosen sind eine große Gruppe, zu der sowohl Schädlinge als auch Nützlinge gehören. Einige bekommt man zu Gesicht, andere sind mikroskopisch klein oder nur im Boden zu finden. Wo Wirbellose leben, ist das Ökosystem dynamisch.

Spinnennetze

Spinnennetze sind wichtig, da sich darin fortpflanzungsfähige, fliegende Insekten verfangen. Weil hier adulte Weibchen gefangen werden, wird verhindert, dass eine neue Generation möglicherweise schädlicher Insektenlarven heranwächst.

Kröten suchen kühle Plätze im Garten.

Geeignete Lebensräume

- Gestapelte Steine, Felsstücke oder Ziegelsteine: Sie dienen als Unterschlupf für Frösche, Kröten und andere Tiere, die es kühl lieben.
- Holzstapel: Hier verkriechen sich Frösche, Kröten, Blindschleichen und Eidechsen. Verrottet das Holz, kommen Spinnen und andere Wirbellose wie Hirschkäfer. Auch Pilze siedeln sich an.
- Laubhaufen: Regenwürmer, Schnecken, Asseln und Pilze nutzen diese im Herbst und Winter. Sie zersetzen das Laub und arbeiten es in den Boden ein.
- Ungemähte Flächen: Hohes Gras und blühende Pflanzen ziehen Bestäuber an, vor allem Schmetterlinge. Frösche und Kröten suchen im Sommer hier vor der Hitze Zuflucht.
- Unbearbeitete Flächen, auf denen Wildpflanzen wachsen dürfen: Wilde Gartenbereiche bieten einer Vielzahl nützlicher Insekten Nistmöglichkeiten.
- Teiche: Wasserflächen sind nicht nur eigene Ökosysteme. Hier können Vögel und Kleinsäuger trinken und baden.
- Bäume und Sträucher: Gehölzgruppen bilden ein eigenes Ökosystem, vor allem wenn sie Früchte und Beeren tragen und damit Vögeln Nahrung bieten. In der Rinde leben viele Wirbellose, zwischen Ästen und Zweigen weben Spinnen ihre Netze.

Lassen Sie einen Teil des Gartens unbearbeitet. Er wird vielen verschiedenen Arten einen Lebensraum bieten.

Zusätzliche Lebensräume

Nistkästen

Es gibt sie in unterschiedlichen Größen – je nachdem, welche Art darin nisten soll. Hängen Sie die Kästen mindestens 2–4 m über dem Boden so auf, dass sie vor starker Sonne, Wind und Regen geschützt sind. Achten Sie darauf, dass Katzen und andere Jäger die Kästen nicht erreichen können.

Fledermauskästen

Sie müssen so angebracht werden, dass sie etwa sieben Stunden Sonne (möglichst Morgensonne) pro Tag bekommen und in 3 m Höhe hängen. Fledermäuse mögen geräumige Kästen.

Insektenhotels

Lesen Sie mehr dazu auf S. 142.

Zusätzliche Nahrung

Von Vögeln angepickte Früchte faulen und ziehen Insekten an.

Vögel

Füttern Sie diese im Winter mit Samen, Nüssen, Trockenobst und Meisenknödeln.

Igel

Im Zoofachhandel gibt es spezielles Igelfutter. Es lockt aber auch Katzen und Füchse an.

Wespen

Apfelbaumbesitzer sollten etwas Fallobst liegen lassen. Es dient Wespen als Nahrung.

Wasser

Ob Bad oder Tränke: In heißen Sommern wissen Vögel und andere Tiere flache, mit Wasser gefüllte Schalen zu schätzen.

Ein Insektenhotel bauen

Ein Permakultur-Garten ist sowieso reich an Nistplätzen und Nahrung für Insekten. Sie können das Angebot mit einem Insektenhotel aber noch verbessern. Stellen Sie es an ansonsten ungastlichen Stellen, wie versiegelten Flächen oder vor einem Zaun oder einer Mauer, auf.

Unterschiedliche Materialien locken verschiedene Insekten an.

Ein Insektenhotel bietet Schutz vor schlechtem Wetter und Nistmöglichkeiten. Es kann aus mehreren »Räumen« bestehen, von denen jeder mit einem anderen Material gefüllt ist. So werden verschiedene Arten angezogen.

Setzen Sie sich im Sommer (dann ist dort am meisten zu sehen) täglich 15 Minuten vor das Insektenhotel und beobachten Sie, wie viele Insekten Sie zu Gesicht bekommen.

Erschrecken Sie nicht, wenn Sie im Insektenhotel tote Tiere entdecken. Meist ist das die Beute von adulten Tieren, die diese als Nahrung für Jungtiere herbeigeschafft haben. Ersetzen Sie Stängel und anderes Material, nachdem die Insekten gebrütet haben und ausgezogen sind.

Das Insektenhotel aufstellen

Stellen Sie das Insektenhotel so an einen sonnigen Platz, dass es vor Wind und Regen geschützt ist. Es sollte mindestens 60 cm über dem Boden stehen. Lassen Sie es im Winter ungestört, auch wenn dort scheinbar keine Aktivität erkennbar ist. Im Innern leben überwinternde Eier (und vermutlich erwachsene Tiere), die auf das Frühjahr warten.

Nützliche Insekten

Neben Spinnen und Asseln besiedeln folgende Arten das Insektenhotel:

Marienkäfer
Sie ernähren sich von grünen und schwarzen Blattläusen. Nachts ziehen sie sich in kleine Ritzen zurück und nutzen das Insektenhotel zum Überwintern.

Mauerbienen
Mauerbienen brüten in hohlen Stängeln. Nachdem sie ihre Eier hineingelegt haben, verschließen sie deren Enden. Im Frühjahr nagen sich die Jungtiere den Weg ins Freie.

Grabwespen
Grabwespen graben sich in das Mark frisch geschnittener Stängel und legen ihre Eier in die Hohlräume. Sie füttern ihre Larven mit Insekten, die sie ins Nest gezogen haben.

Schmetterlinge
Schmetterlinge suchen bei Regen und im Winter Schutz.

Wildbienen
Wildbienen suchen in hohlen Zweigen Schutz und Nistmöglichkeiten.

Florfliegen
Florfliegen sind das ganze Jahr über im Insektenhotel zu finden, am liebsten in locker gestopftem Material. Sie ernähren sich von Pflanzenschädlingen wie Blattläusen, Thripsen und Schmierläusen.

Ein kleines Insektenhotel bauen

Ein Insektenhotel können Sie aus Palettenholz selbst herstellen. Dafür baut man einen rechteckigen Rahmen (siehe »Ein Frühbeet selber bauen« S. 102). In diesem teilt man mit kürzeren Brettern Fächer ab.

1. Stücke von dickeren Ästen auf Länge schneiden und in die Fächer füllen.

2. Löcher in die Schnittseiten bohren. So entstehen Versteckmöglichkeiten.

3. Angebohrte und nicht angebohrte Holzstücke mit verschiedenen Durchmessern bündeln.

4. Ein Fach mit Kiefernzapfen füllen. Damit diese an Ort und Stelle bleiben, das Fach mit Kaninchendraht verschließen. Das Gitter mit Nägeln befestigen oder festtackern.

Oben: Holunderzweige enthalten Mark. Es zieht Nützlinge an.
Mitte: Sie können auch einzelne Fächer bauen und an einem senkrecht stehenden Pfahl befestigen.
Unten: Äste in eine leere Konservendose stecken und auf gleiche Länge schneiden. Dann im Garten aufhängen.

Pflanzen, die Insekten anziehen

Um bestäubende Insekten in den Garten zu locken und die Artenvielfalt zu erhöhen, sollten Sie viele Blütenpflanzen ansiedeln – und zwar möglichst solche, die eine gute Nektar- oder Pollenquelle und am besten sogar heimisch sind.

Einfach oder gefüllt?

Einfache Blüten sind besser für Insekten zugänglich als gefüllte. Bei Letzteren verdecken die inneren Blütenblätter die Staubgefäße oder ersetzen diese sogar, sodass kein oder nur wenig Pollen produziert wird.

In einfachen Blüten liegen Staubgefäße und Pollen frei.

Blüten für das ganze Jahr

Gestalten Sie den Garten so, dass das ganze Jahr über etwas blüht. Winterblüher sind wertvolle Nahrungsspender für Insekten, die sich an milden, sonnigen Wintertagen ins Freie wagen. Im Internet findet man viele geeignete Pflanzen. Die hier aufgelisteten sind besonders empfehlenswert.

Bäume, Sträucher, Kletterpflanzen

Botanischer Name	Deutscher Name	Gut zu wissen
Amelanchier	Felsenbirne	**BZ** Frühling/Frühsommer; essbare Früchte
Acer campestre	Feld-Ahorn	**BZ** Frühjahr/Frühsommer; Futter für Wildbienen
Betula	Birke	**BZ** Frühling
Buddleja davidii	Sommerflieder	**BZ** Hoch- bis Spätsommer; attraktiv für Schmetterlinge
Ceanothus	Säckelblume	**BZ** Frühling/Sommer/Herbst; Winterschutz für Jungpflanzen
Crataegus monogyna	Weißdorn	**BZ** Frühling; Insektennährgehölz
*Cornus mas**	Kornelkirsche	**BZ** Frühling, ab März; Früchte ziehen Vögel an.
Cotoneaster	Zwergmispel	**BZ** Frühling/Sommer; Früchte ziehen Vögel an.
Elaeagnus umbellata	Korallen-Ölweide	**BZ** Frühling/Frühsommer; fixiert Stickstoff im Boden
Euonymus europaeus	Pfaffenhütchen	**BZ** Frühling/Frühsommer
Helianthemum	Sonnenröschen	**BZ** Spätfrühling bis Frühsommer
Hypericum olympicum	Olymp-Johanniskraut	**BZ** Sommer
Lonicera periclymenum	Wald-Geißblatt	**BZ** Hoch- bis Spätsommer; in Wildhecken ranken lassen
*Rosa**	Rose	**BZ** Sommer/Herbst; Früchte ziehen Vögel an.
Salix caprea	Sal-Weide	**BZ** Frühling; für kleine Gärten geeignet
Sambucus nigra	Holunder	**BZ** Sommer; Früchte ziehen Vögel an.
Sorbus aucuparia	Vogelbeere	**BZ** Spätfrühling; Früchte ziehen Vögel an.
Weigela	Weigelie	**BZ** Spätfrühling/Frühsommer; für Hecken geeignet

BZ – Blütezeit
* einfach blühend

Stauden

Botanischer Name	Deutscher Name	Gut zu wissen
Anchusa azurea	Große Ochsenzunge	**BZ** Frühsommer; braucht Winterschutz
Astrantia	Sterndolde	**BZ** Sommer; versamt sich selbst
Cirsium rivulare	Bach-Kratzdistel	**BZ** Früh- bis Spätsommer; für feuchte Böden geeignet
*Dahlia**	Dahlie	**BZ** Hoch- bis Spätsommer; nicht winterhart
Dianthus barbatus	Bart-Nelke	**BZ** Spätfrühling bis Frühsommer; nur kurzlebig
*Geranium**	Storchschnabel	**BZ** Frühling bis Sommer; vielseitig und pflegeleicht
Iris sibirica	Sibirische Schwertlilie	**BZ** Früh- bis Spätfrühling
Leucanthemum vulgare	Wiesen-Margerite	**BZ** Spätfrühling/Frühsommer; für Wiesenpflanzungen
Nepeta racemosa	Katzenminze	**BZ** Sommer
Phlomis russeliana	Brandkraut	**BZ** Sommer bis Herbst

Einjährige

Botanischer Name	Deutscher Name	Gut zu wissen
Calendula officinalis	Ringelblume	**BZ** Sommer bis Herbst; essbare Blütenblätter
Eschscholzia californica	Kalifornischer Mohn	**BZ** Sommer; für magere Böden geeignet
Limnanthes douglasii	Spiegeleierpflanze	**BZ** Sommer bis Herbst; versamt sich selbst
Lobularia maritima	Duft-Steinrich	**BZ** Sommer; verträgt Küstenklima
Nicotiana sylvestris	Duft-Tabak	**BZ** Sommer bis Herbst; als Zweijährige ziehen
*Papaver**	Mohn	**BZ** Sommer
Verbena bonariensis	Patagonisches Eisenkraut	**BZ** Hoch- bis Spätsommer; versamt sich selbst

Jeweils von links nach rechts:
Ganz oben: Rosa filipes, Lobularia maritima
Oben: *Iris sibirica, Calendula officinalis*
Mitte: *Astrantia, Dahlia*
Unten: *Limnanthes, Nepeta*

Wildhecken anlegen

Hecken werden zum Einfassen von Grundstücken oder als Schutzgürtel angelegt, aber sie sind auch ein wichtiger Lebensraum für winzige Wirbellose, die in der Rinde der Sträucher leben, für Insekten, Vögel und Säugetiere. Hecken sind ein wertvolles Gestaltungselement, wenn es darum geht, den Nutzgarten zu schützen, denn die Vielfalt an tierischen Bewohnern hilft, Schädlinge in Schach zu halten.

Bei Wildhecken werden verschiedene Arten nebeneinander gepflanzt.

Eine eingewachsene Wildhecke ist ein eigenständiges Ökosystem. Kombinieren Sie möglichst viele laubabwerfende und immergrüne Arten mit unterschiedlichen Blütezeiten. So finden Insekten immer Nektar. Im Herbst und Winter dienen Beeren, Samen und Nüsse Vögeln und kleinen Säugetieren als Nahrung. Ist die Hecke schon älter, nisten im Frühling und Sommer Vögel im dichten Laubwerk. Einige der bestäubenden Insekten dienen ihnen als Nahrung. Im Boden siedeln sich an den Wurzeln Pilze an.

Das Pflanzen

Am günstigsten ist es, im Herbst wurzelnackte Gehölze zu pflanzen (S. 172). Auch wenn die Gehölze dann noch klein sind, sollten sie mit einem Abstand von 30–60 cm gepflanzt werden. Mulchen Sie zwischen den Pflanzen mit Stroh.

Der Schnitt

Eine Wildhecke muss nicht streng in Form gehalten werden, braucht aber dennoch etwas Pflege. Einige der Heckenpflanzen wachsen sonst zu Bäumen heran. In den ersten Jahren müssen Heckengehölze regelmäßig geschnitten werden. Beachten Sie aber, dass gemäß Naturschutzgesetz Hecken und andere Gehölze von März bis September nur leicht geschnitten werden dürfen.

Schneiden Sie im ersten Jahr nach der Pflanzung die Sträucher im Februar auf ein Drittel zurück. Auch in den folgenden Jahren werden die Triebe eingekürzt, selbst wenn die Hecke dadurch erst einmal lückig aussieht.

Ältere Hecken werden im Sommer geschnitten. Bei Frucht tragenden Gehölzen lässt man das Fruchtholz ungeschnitten. Weiches Schnittgut können Sie kompostieren (S. 71), festeres schreddern.

Checkliste für den Schnitt

Im ersten Jahr nach der Pflanzung: die Pflanzen im Februar auf ein Drittel zurückschneiden.

Die ersten Jahre nach der Pflanzung: jedes Frühjahr die Triebe einkürzen.

Eingewachsene Hecken: falls notwendig, im Sommer schneiden; das Fruchtholz nicht schneiden.

Blütengehölze in Hecken

Ist die Hecke eingewachsen, lassen Sie Kletterpflanzen hineinranken. Das Geißblatt (*Lonicera*) bildet im Sommer süß duftende Blüten und verlängert die Blütezeit einer hauptsächlich im Frühjahr blühenden Hecke in den Sommer hinein. Die Gewöhnliche Waldrebe (*Clematis vitalba*) bildet im Herbst haarige Samenstände, die den Winter über an der Pflanze bleiben. Im Frühjahr nutzen Vögel dieses Material, um ihre Nester damit zu polstern.

Pflanzen für Wildhecken

Botanischer Name	Deutscher Name	Gut zu wissen
Berberis darwinii	Darwins Berberitze	Blüte im Frühling/Früchte im Herbst
Corylus avellana **1**	Haselnuss	Blüte im Frühling/Nüsse im Herbst
Cotoneaster lacteus	Späte Zwergmispel	Blüte im Sommer/Früchte im Herbst
Crataegus monogyna **1**	Weißdorn	Blüte im Frühling/Früchte im Herbst
Ilex aquifolium	Stechpalme	Blüte im Sommer/Herbst; zierende Früchte
Lonicera xylosteum	Rote Heckenkirsche	Blüte im Frühsommer/Früchte im Herbst
Prunus spinosa **1**	Schlehdorn	Blüte im Frühling/Früchte im Herbst
Pyracantha	Feuerdorn	Blüte im Frühling/Früchte im Herbst
Rosa rugosa **1**	Kartoffel-Rose	Blüte im Frühling**/Früchte im Herbst
Viburnum lantana **1**	Wolliger Schneeball	Blüte im Frühling/Sommer/ Früchte im Herbst

Oben von links nach rechts: *Ilex aquifolium, Rosa rugosa*
Mitte, von links nach rechts: *Lavandula, Prunus spinosa*
Unten, von links nach rechts: *Cotoneaster, Crataegus*

Niedrige Hecken

Niedrige Hecken werden angelegt, um den Gemüsegarten einzufassen. Wie hohe Hecken tragen sie zur Artenvielfalt bei und ziehen Bestäuber an. Aber auch Schnecken verkriechen sich dort. Baut man Pflanzen wie Kopfsalate mit weichen Blättern an, ist es eventuell notwendig, die Schnecken zu bekämpfen. Geeignete Methoden werden auf S. 193 vorgestellt.

Pflanzen für niedrige Hecken

Botanischer Name	Deutscher Name	Gut zu wissen
Buxus sempervirens	Buchs	Wächst langsam
Lavandula	Lavendel	Blüte im Frühling/Sommer**
*Rosa** **1**	Rose	Blüte im Sommer/Herbst** Früchte im Herbst
Salvia rosmarinus	Rosmarin	Blüte im Frühling/Sommer**

1 laubabwerfend
* Zwergformen, einfach blühend; ** essbare Blüten

Feuchtzonen & Teiche anlegen

Wasser ist für alle Organismen lebenswichtig, daher spielt ein Teich oder eine Feuchtzone im Permakultur-Garten eine wichtige Rolle. Dort entwickelt sich ein Ökosystem, das die Artenvielfalt des Grundstücks erhöht und fördert.

Leben im und am Teich

Einige Lebewesen sind vollständig auf Wasser angewiesen, weil sie darin leben. Andere suchen Wasserflächen nur zum Trinken, Baden und Abkühlen oder zum Laichen auf. In und um einen eingewachsenen Teich sind Frösche, Kröten, Molche, Libellen (und ihre Larven), Ruderwanzen, Wasserschnecken und Blutegel zu finden. Vögel und kleine Säugetiere bevorzugen die flacheren Uferzonen, die sie zum Trinken, Baden und Abkühlen im Sommer besuchen.

Fische

Fische gehören nicht in einen Naturteich. Sie fressen Wirbellose und Kaulquappen. Möchten Sie Fische halten, legen Sie dafür einen eigenen Teich an.

Künstlich angelegte Teiche

Gibt es in Ihrem Garten keine natürliche Wasserquelle wie einen Bach, eine Quelle oder einen Teich, können Sie leicht selbst eine anlegen. Ein künstlich angelegter Teich bereichert schon nach kurzer Zeit die Umgebung genauso stark wie ein natürlicher.

Nach einiger Zeit erhält er sich selbst.

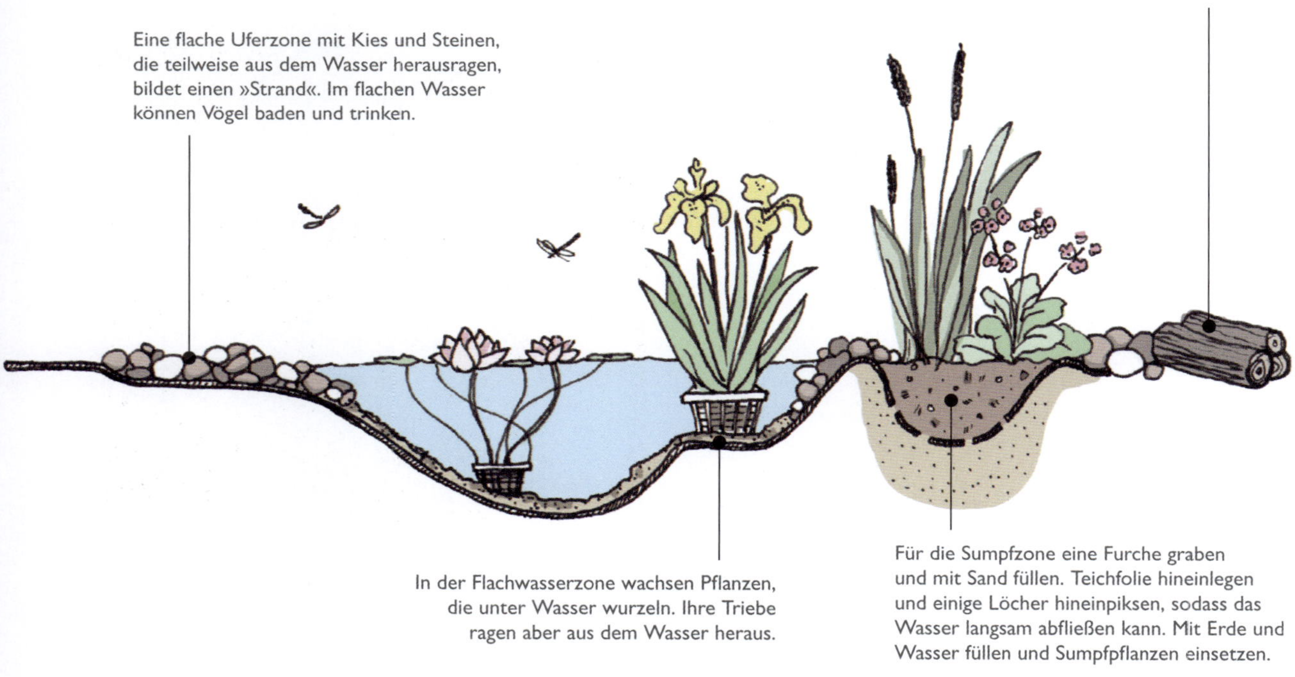

Querschnitt durch einen Naturteich mit Teichfolie

Pflanzen für den Teich

Sauerstoff-Spender

Pflanzen, die das Wasser mit Sauerstoff anreichern und unter der Wasseroberfläche wachsen, bieten Nist- und Unterschlupfmöglichkeiten für Wassertiere. Außerdem reinigen sie das Wasser.

Teich-Wasserstern *(Callitriche stagnalis)*

Raues Hornblatt *(Ceratophyllum demersum)*

Ähriges Tausendblatt *(Myriophyllum spicatum)*, oben

Krauses Laichkraut *(Potamogeton crispus)*

Hahnenfuß (*Ranunculus* spp.)

Pflanzen für die Tiefwasserzone

Sie wurzeln im Schlamm auf dem Teichboden, ihre Blätter schwimmen auf der Wasseroberfläche. Im Sommer halten sie das Wasser kühl und bieten den Teichbewohnern Schutz. Damit das Wasser im Sommer kalt genug bleibt, sollten mindestens 75 Prozent der Oberfläche bedeckt sein.

Wasserknöterich *(Persicaria amphibia)*

Seerose *(Nymphaea* spp.), oben

Goldkeule *(Orontium aquaticum)*

Pflanzen für die Flachwasserzone

Diese Wasserpflanzen gedeihen an den Ufern, wo die Wurzeln permanent im Wasser stehen, während die oberen Pflanzenteile über der Wasseroberfläche stehen. Alle sind im Sommer bei Tieren beliebt, aber die Genannten sind besonders wertvoll. An ihren Stielen können Libellen und andere Insekten, die als Larven im Teich leben, aus dem Wasser in die Sonne krabbeln.

Sumpf-Schwertlilie *(Iris pseudacorus)*, oben

Rohrkolben *(Typha* spp.)

Bei den Pflanzen der Flachwasserzone stehen Stiele, Blätter und Blüten über der Wasseroberfläche.

Pflanzen der Tiefwasserzone haben Schwimmblätter. Sie halten den Teich im Sommer kühl und vermindern die Verdunstung.

Gut zu wissen:

Wasserpflanzen sind sehr wuchsfreudig und müssen regelmäßig ausgedünnt und geteilt werden.

Einen eigenen Teich bauen

Einen Teich zu bauen ist ein hartes Stück Arbeit, glücklicherweise muss man sie nur ein einziges Mal erledigen. Ist der Teich eingewachsen, erhält er sich selbst und braucht nur ein Minimum an Pflege.

Grundwasser nutzen

Hat Ihr Garten einen feuchten Bereich und schweren Lehmboden, können Sie dort eine Teichgrube mit der gewünschten Tiefe graben, den Boden und die Seiten flach treten und warten, bis sie sich mit Grundwasser füllt. In trockenen Sommern kann der Wasserspiegel sinken.

Einen Teich mit Folie anlegen

Fertige Teichbecken aus starrem Kunststoff sind schwer in den Boden einzubauen. Einfacher geht es mit Folie. Ein Folienteich wirkt zudem natürlicher.

Eine geeignete Stelle finden

Weil Wasser immer von höher gelegenen Stellen nach unten fließt, sieht es am natürlichsten aus, wenn sich ein Teich an der tiefsten Stelle des Grundstücks befindet. Außerdem kann sich dort Wasser von umgebenden Flächen sammeln. Ein Teich sollte zu einem Drittel im Schatten liegen. Dann wachsen weniger Algen, die den Pflanzen schaden können. Benachbarte überhängende Bäume sind nicht ideal, weil im Herbst die Blätter ins Wasser fallen, dort verrotten und Gase bilden.

Ober- & Unterboden

Lagern Sie beim Aushub den Ober- und Unterboden getrennt. Den Oberboden können Sie im Garten nutzen.

Den Teich ausheben

- Markieren Sie den Umriss des Teichs mit einem Seil oder Schlauch.
- Graben Sie die Teichgrube. Legen Sie rundherum oder zumindest an einer Seite eine Stufe für die Flachwasserpflanzen an. Prüfen Sie mit einer Wasserwaage, ob die Teichränder auf einer Höhe liegen.
- Legen Sie den Boden des Teichs mit feuchtem Zeitungspapier, Karton oder alten Teppichstücken aus. Das verhindert, dass Steine Löcher in die Folie stechen. Sie können dafür auch ein Vlies verwenden.
- Legen Sie die Folie glatt in das Becken.
- Verteilen Sie eine 8 cm dicke Schicht Oberboden auf dem Teichboden.
- Füllen Sie den Teich mit Wasser.
- Schneiden Sie überstehende Folie ab.

Das Wasser ist zunächst trübe, aber nach einigen Tagen setzt sich die Erde am Boden ab und es wird klar.

Wie viel Folie?

So berechnen Sie, wie viel Teichfolie Sie benötigen:

- Die längste und die breiteste Stelle des Teichs ausmessen.
- Wie tief soll der Teich an der tiefsten Stelle werden? Etwa 45 cm sind ideal. Verdoppeln Sie den Wert und addieren Sie ihn zu Länge und Breite.
- Addieren Sie rundum weitere 15 cm für den Rand.

Einen Miniatur-Naturteich anlegen

Wenn Sie nicht genug Platz für einen großen Teich haben, ist ein mithilfe eines kleinen Behälters gestalteter Miniatur-Teich eine Alternative. In ein Beet platziert, sorgt er für kühle Luft rund um die Pflanzen und reflektiert das Sonnenlicht.

1. Ein Loch ausgraben, das den gewünschten Behälter vollständig aufnehmen kann.

2. Die Basis mit Sand füllen.

3. Einen Eimer oder einen anderen wasserdichten Behälter in das Loch stellen und fest in den Sand drücken.

Ein Holzbrett auf den Rand legen und mit einer Wasserwage überprüfen, ob der Behälter gerade steht.

4. Im Behälter auf einer Seite Steine stapeln, sodass Tiere, die in den Miniteich gefallen sind, leicht wieder herausklettern können.

5. Den Behälter mit Wasser füllen. Sauerstoffspendende Pflanzen oder eine kleine Seerose hineinsetzen.

Den Miniatur-Teich aufstellen

Stellen Sie den Miniatur-Teich in die volle Sonne. Eine Seerose verhindert, dass sich das Wasser stark aufheizt und schnell verdunstet.

Terrassen & Sitzplätze

Sie können den Miniatur-Teich auch auf die Terrasse oder an den Sitzplatz stellen. Stapeln Sie ringsherum und randhoch Steine oder Ziegelsteine auf. So bleibt das Wasser auch an warmen Tagen kühl und zieht viele verschiedene Lebewesen an.

Wasserspiegel

Kontrollieren Sie im Sommer, wie viel Wasser im Teich ist. Es verdunstet rasch. Füllen Sie es bei Bedarf nach. So bleibt das Wasser klar.

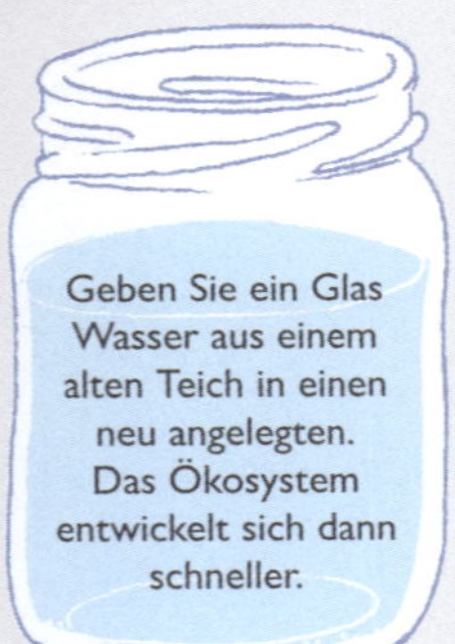

Bienen halten

Als Bestäuber vieler Nutzpflanzen sind Bienen lebenswichtig für den Erhalt von Ökosystemen. Außerdem liefern sie Honig, der als natürliches Süßungsmittel beliebt ist und gesundheitsfördernde Wirkung haben soll. Aus Bienenwachs kann man Kerzen herstellen, die Licht und Wärme verbreiten, oder Seifen und andere Kosmetikprodukte.

Stellen Sie den Bienenstock geschützt auf.

Bei Blüten, die sich weit öffnen und dabei ihre Staubgefäße freilegen, ist der Pollen für Bienen gut erreichbar.

Bienen in der Permakultur

Bienen stehen für ein wichtiges Prinzip der Permakultur: das Beste aus den vorhandenen Ressourcen machen. Sie ziehen weit übers Land, oft über leergeräumte Landschaften, und können Honig produzieren, der viele Mineralien und komplexe Zuckerverbindungen enthält und sehr gut schmeckt.

Auch wenn Sie keine Bienen halten möchten, sollten Sie möglichst viele verschiedene Blütenpflanzen kultivieren, sodass die Bestäuber in Ihren Garten kommen.

Imkerei ist komplex und man benötigt spezielle Geräte zum Umgang mit den Bienen und für die Honiggewinnung. Stehen in Ihrem Garten viele pollenreiche Blütenpflanzen, kann es aber sinnvoll sein, einen Imker einzuladen, einen Bienenstock bei Ihnen aufzustellen und den Honig zu ernten. Sie können einen Teil des Ertrags gegen Obst und Gemüse aus Ihrem Garten eintauschen.

Einen Stock aufstellen

Bienenstöcke sollten nach Osten, also in Richtung Morgensonne, ausgerichtet sein und so stehen, dass sie vor extremem Wetter geschützt sind.

Steht der Stock in der Nachbarschaft eines Rapsfelds, werden die Bienen zu dieser Pollenquelle schwärmen. Doch Rapshonig ist sehr hellgelb und schmeckt relativ fade.

Bienensterben

Wenige Dinge sind so beunruhigend wie das rätselhafte Bienensterben. Dabei verschwindet oder stirbt der Großteil der Arbeiterinnen, während die Königin, Pollen und Honig und ein paar junge Bienen im Stock verbleiben. Als Ursache steht die intensive Landwirtschaft im Verdacht und das damit einhergehende Verschwinden von Lebensräumen sowie der Einsatz von Pestiziden. Es können aber auch Krankheiten oder genetische Faktoren eine Rolle spielen.

Es gibt jedoch Studien, die nahelegen, dass durch die erhöhte Aufmerksamkeit das Phänomen in den letzten Jahren abgenommen hat.

Wasserstellen für Bienen

Während heißer, trockener Sommertage finden Bienen nur schwer Trinkwasser. Füllen Sie eine flache Schale mit Wasser und legen Sie ein paar Steine hinein. So kommen die Bienen an das Wasser, ohne dass die Gefahr besteht, dass sie ertrinken.

Blüten für Bienen

Viele Pflanzen werden von Bienen zum Pollensammeln angeflogen. Die hier genannten haben einen besonderen Wert für die Permakultur.

Gemeine Schafgarbe *(Achillea millefolium)*
gut für steinige Böden oder Randzonen

Duftnessel *(Agastache foeniculum)*
braucht in kalten Wintern Schutz

Purpur-Sonnenhut *(Echinacea purpurea)*
Blüte im Herbst

Heide (*Erica/ Calluna/ Daboecia* spp.)
manche Arten brauchen sauren Boden; gute Trachtpflanze

Wasserdost (*Eupatorium* spp.)

Efeu (*Hedera* spp.)
Blüte im Herbst

Sonnenblume (*Helianthus* spp.)

Lavendel *(Lavandula* spp.)
gute Trachtpflanze

Indianernessel *(Monarda punctata)*

Sonnenhut *(Rudbeckia fulgida)*

Goldrute (*Solidago virgaurea*)
gut für steinige Böden oder Randzonen

Klee (*Trifolium* spp.)
in Rasenflächen wachsen lassen, gute Trachtpflanze

Jeweils von links nach rechts
Oben: *Trifolium* spp., *Eupatorium* spp.
Mitte: *Erica/Calluna/Daboecia* spp., *Achillea millefolium*
Unten: *Rudbeckia fulgida*, *Echinacea purpurea*

Hühner & anderes Geflügel halten

Hühner sind ideal für Anfänger, die Nutztiere in ihr Permakultur-System aufnehmen möchten. Sie brauchen relativ wenig Pflege und können sogar in kleineren Gärten gehalten werden. Behalten Sie aber im Auge, dass Sie für das Einsammeln der Eier täglich Zeit benötigen, wenn Sie die Hühner frei legen lassen.

Hühner vereinen mehrere Prinzipien der Permakultur. Dabei kommt es darauf an, den Einsatz in einem gesunden Verhältnis zum Ertrag zu halten. Hühner sind anspruchslos, aber sehr nützlich. Gibt man ihnen Nahrung und eine Behausung, erhält man Eier und Fleisch. Wo Hühner frei laufen, belüften sie durch das Scharren den Boden, fressen Schadinsekten und erhöhen mit ihrem Mist die Bodenfruchtbarkeit.

Hühnermist

Hühnermist enthält viel Harnsäure und wird oft als »scharf« bezeichnet. Bei direktem Kontakt mit Pflanzen können diese verbrennen. Ist er noch nicht gut verrottet, gibt man ihn am besten als Aktivator auf einen Komposthaufen. Diesen Zweck erfüllt er bestens.

Der Hühnerstall

Hühnerställe oder -häuser gibt es aus Holz oder Kunststoff. Letztere sind oft aus Recyclingmaterial gefertigt. Stellen Sie den Stall in Zone 2 (s. S. 13 und 30) des Permakultur-Systems, und zwar an den

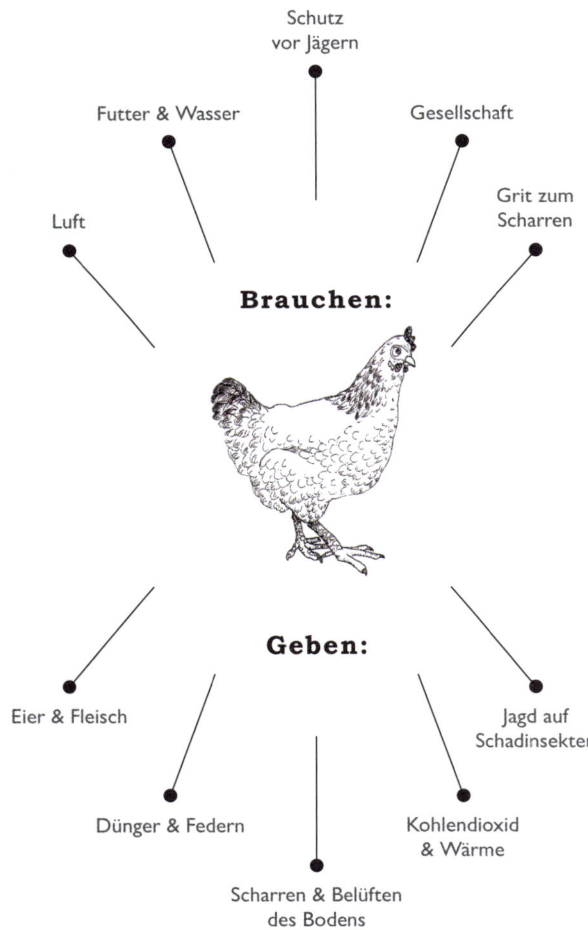

Was Hühner brauchen & geben

Rand der produktivsten Flächen. Abends müssen die Hühner in den Stall, denn die meisten Räuber sind nachtaktiv.

Hühner brauchen einen sicheren Auslauf, am besten eine Art Zaun, der an einer Seite des Hühnerstalls befestigt ist, oder einen Zaun, der den Auslauf rundherum abgrenzt. Kleine, leichte Hühnerhäuser sind mobil, sie können im Garten ohne Mühe immer wieder an einem anderen Platz aufgestellt werden. So profitieren verschiedene Flächen von den Aktivitäten der Hühner. Je nachdem wie gut das Grundstück als Ganzes gesichert ist, kann man die Hühner von Zeit zu Zeit auch frei laufen lassen.

Vor Hitze suchen Hühner Schutz. Decken Sie den Auslauf oder Teile davon mit Welldach ab und sorgen Sie für Schatten. Laufen die Hühner in anderen Teilen des Gartens herum, stellen Sie sicher, dass es dort Ecken gibt, in denen Hecken oder Mauern kühlen Schatten spenden.

Gut zu wissen:
Hühner gehen zwischen Himbeeren, Goji-Beeren, Maulbeeren oder dem Erbsenstrauch (Caragana arborescens) besonders gern auf Nahrungssuche.

Hühner füttern

Hühner brauchen Eiweiß, Vitamine und, ganz wichtig für das Eierlegen, Kalzium. In im Fachhandel erhältlichen Futter ist all dies enthalten.

Füttern Sie sie nicht mit Essensresten, aber geben Sie ihnen regelmäßig Grünzeug – Rasenschnitt, Unkräuter oder die Reste von Kohl oder anderem Gemüse, das Sie in der Küche zubereiten. Es lohnt sich, Kohl anzubauen, so können Sie ihnen das ganze Jahr über Grünes anbieten.

Hühner müssen immer Zugang zu frischem Wasser haben. Bei Hitze stellen Sie den Wasserspender in den Schatten.

WICHTIG: Avocados sind für Hühner giftig.

Die Vorteile

Natürlich richtet Geflügel auch kleinere Schäden an, wenn sie Nutzpflanzen anpicken oder im Boden scharren. Zwischen größeren Gehölzen kann man sie jedoch getrost auf Nahrungssuche gehen lassen. Dort

- düngen sie mit ihrem Mist den Boden,
- fressen sie übrig gelassene Früchte, die sonst verrotten und an denen sich Krankheiten entwickeln können.

Im Winter erhöhen Hühner im Gewächshaus oder Folientunnel mit ihrer Körperwärme die Temperatur. Davon profitieren Kübelpflanzen. Stellt man diese auf Gestelle, sind sie vor den Tieren geschützt.

Futterkalk

Futterkalk ist ein wichtiger Bestandteil von Hühnerfutter. Er unterstützt die Verdauung und sorgt für eine dickere Eierschale. Frei laufende Hühner suchen sich die Mineralien selbst, wenn sie genug Platz haben. Statt Futterkalk kann man auch Muschelkalk oder Sand geben.

Enten

Enten sind hervorragende Beutesucher. Doch sie brauchen mehr Platz als Hühner und daher einen größeren Auslauf. Auch ihre Hinterlassenschaften sind größer, dafür scharren sie nicht.

Enten reicht ein einfacher Schuppen, ähnlich einem Hühnerstall. Im Gegensatz zu den meisten anderen Geflügelarten schlafen sie auf Stroh oder Sägemehl auf dem Boden statt auf einer Stange. Eine gute Belüftung des Stalls ist wichtig, feuchte Luft verursacht Atemwegserkrankungen.

Enten müssen Zugang zu einer Wasserfläche haben, auf der sie schwimmen und tauchen können. Ist der Teich groß genug, stellen Sie das Entenhaus auf eine Insel in die Mitte. So sind die Tiere vor Räubern geschützt.

Geben Sie den Tieren gekauftes Futter, das Sie mit gekochtem Reis oder Nudeln ergänzen können. Wie Hühner benötigen Enten zur Unterstützung der Verdauung Futterkalk. Sie ernähren sich von Schnecken und Insekten und können daher zur Schädlingsbekämpfung beitragen.

Enteneier sind größer und schmackhafter als Hühnereier. Doch die Schale ist porös und es können Bakterien eindringen. Die Eier sollten daher so frisch wie möglich gegessen werden.

Puten & Perlhühner

Puten sind große Vögel, die hauptsächlich ihres Fleischs wegen gehalten werden. Ein Schuppen von 2 x 2,2 m reicht für zwei bis drei Tiere.

Sie vertragen niedrige Temperaturen, brauchen aber einen Schutz vor Regen, Schnee und heißer Sommersonne.

Perlhühner schlafen nicht wie andere Geflügelarten auf Stangen. Sie ziehen es vor, in Bäume zu fliegen. Dort sind sie jedoch nicht vor Räubern geschützt. Wenn Sie Jungtiere erwerben, können Sie sie eventuell dazu erziehen, die Nächte im sicheren Stall zu verbringen. Sie benötigen mehr Platz als Hühner. Ein geräumiger Schuppen oder ein anderes Außengebäude ist besser geeignet als ein Hühnerhaus.

Die Hennen legen überall, gern bauen sie Nester zwischen Brennnesseln. Die Schale ihrer Eier ist sehr fest.

Ziegen halten

Ziegen zu halten lohnt sich, erfordert aber viel Zeit und ist teuer, da die Tiere einen sicheren Stall brauchen und regelmäßig tierärztlich überwacht werden müssen.

Ziegen sind sehr soziale Tiere. Damit sie ein gutes Leben haben, sollten sie also immer mindestens zu zweit gehalten werden. Idealerweise stammen die Tiere von derselben Herde, sodass sie sich bereits kennen. Wenn Sie eine Ziegenherde aus Tieren verschiedenen Alters und Herkünften aufbauen möchten, achten Sie darauf, dass kein Tier von den anderen drangsaliert oder dominiert wird.

Unkastrierte Böcke sind oft aggressiv und schwer zu halten. Kastrierte Böcke (Hammel) können ohne Probleme mit weiblichen Tieren gehalten werden. Zwergrassen mit einer Schulterhöhe von 40–55 cm brauchen weniger Platz als größere Rassen.

Ziegen sind neugierig und brauchen viel Platz zum Entdecken und Grasen. Sie mögen nasses Wetter nicht, ein Unterstand sollte also immer erreichbar sein. Die Tiere sollten nie angebunden werden.

Unterbringen

Ein Ziegenstall sollte trocken und gut belüftet, aber nicht zugig sein. Er muss so hoch sein, dass die Tiere darin auf ihren Hinterbeinen stehen und den Kopf strecken können. Boden aus Beton lässt sich am einfachsten sauber halten. Er muss regelmäßig geputzt und desinfiziert werden, um Parasiten fernzuhalten.

Ein abgeschlossener Bereich neben dem Stall ist hilfreich, um die Tiere einzupferchen, wenn sie nicht in den Auslauf können, weil dieser abgegrast oder überschwemmt ist. Planen Sie pro Tier mindestens 8,5 m² Platz ein.

Milchrassen

Milchziegen müssen zweimal täglich gemolken werden und können über 4,5 Liter Milch pro Tag geben. Manchmal produzieren die weiblichen Tiere Milch, ohne vorher gedeckt worden zu sein.

Einzäunen

Ziegen können sich durch Hecken fressen und auf Böschungen oder Steinmauern klettern. Zum Einzäunen der Weideflächen brauchen Sie also stabile Holz- oder Metallzäune. Auch schubbern sie sich gerne an Zäunen oder versuchen sich darunter durchzugraben. Kontrollieren Sie die Einfassung also täglich. Sie sollte mindestens 1,2 m hoch sein.

Füttern

Ziegen suchen sich ihre Nahrung selbst, brauchen aber trotzdem immer Stroh, Heu und gekauftes Futter. Etwa die Hälfte ihrer Nahrung sollte aus Heu bestehen. Stellen Sie außerdem einen Salzleckstein bereit, zum Beispiel an der Wand des Stalls.

Ziegen müssen immer Zugang zu frischem, sauberen Trinkwasser haben.

!

Giftige Pflanzen

Diese Pflanzen sind für Ziegen giftig:

Alnus spp.
Erle

Delphinium spp.
Rittersporn

Helleborus spp.
Christrose

Juglans regia
Walnuss

Laburnum spp.
Goldregen

Ligustrum spp.
Liguster

Lonicera spp.
Geißblatt

Rhododendron spp.
Rhododendron

Taxus baccata
Eibe

Alle Zwiebelpflanzen

Wenn Sie Interesse haben,

Ziegen zu halten, treten Sie einem Zuchtverein bei oder besuchen Sie einen erfahrenen Halter, der Ihnen erklären kann, was wichtig ist.

Den Anbauplan für die Selbstversorgung aufstellen

Um möglichst viel ernten zu können, ist eine sorgfältige Planung wichtig. Sie wissen nun bereits, wo in Ihrem Garten die sonnigen und schattigen Bereiche liegen. Dies hilft bei der Entscheidung, was wohin gepflanzt werden soll. Denken Sie an die nähere Zukunft, aber planen Sie auch auf lange Sicht.

Von einigen Kulturen im Garten, zum Beispiel den Beerensträuchern, lässt sich im ersten Jahr noch nichts ernten. Sie können zwischen die jungen Gehölze aber andere, schneller wachsende Kulturen setzen.

Bei Gemüse ist der Anbau in Reihen üblich.

Anbauweisen für Obst & Gemüse

Ist das Grundstück groß genug, empfiehlt es sich, spezielle Bereiche für den Nutzgarten zu reservieren. Üblicherweise wird dieser in Zone 2 (S. 13 und S. 30) angelegt. So ist er vom Haus aus gut erreichbar.

Anbau in Reihen

Bei dieser traditionellen Anbauweise werden die unterschiedlichen Kulturen in Reihen angebaut. Wenn das Beet zu breit ist, lassen sich die Pflanzen in der mittleren Reihe aber nur schwer ernten.

Anbau in Beeten

Sie können verschiedene Kulturen auf demselben Beet anbauen. Üblicherweise haben Beete eine quadratische oder rechteckige Form. Sie können aber auch rund oder geschwungen angelegt werden. Manchmal sind Hochbeete praktisch (S. 64).

Halten Sie die Wege so schmal wie möglich. So können Sie möglichst viel anbauen. Die Wege sollten aber so breit sein, dass eine Schubkarre bequem zwischen die Beete passt. Sie ist beim Ernten praktisch und wenn Sie die Fläche mit organischem Material mulchen wollen.

Auf schmalen, rechteckigen Beeten fällt das Ernten leicht.

Die Lage

Die meisten Obst- und Gemüsearten wachsen an einem offenen, vorwiegend sonnigen und vor starkem Wind geschützten Standort am besten. Fast alle lieben einen nährstoffreichen, durchlässigen Boden. Auf schwerem oder trockenem Boden sind Hochbeete, Mulchbeete (S. 68) oder Hügelbeete (S. 66) sinnvoll.

Den Boden verbessern

Einige Nährstoffe produzieren Obst- und Gemüsepflanzen mithilfe von Sonnenlicht selbst, andere entziehen sie dem Boden. Pflegen und verbessern Sie den Boden deshalb kontinuierlich. Mulchen Sie im Frühjahr und kurz vor dem Pflanzen mit organischem Material.

Die Anbauplanung

Theoretisch können Sie das ganze Jahr über etwas im Garten ernten. Es lohnt sich also, einen Anbauplan aufzustellen. Nehmen Sie dafür die Checkliste (rechts) zuhilfe. Verteilen Sie die Arbeit gut und berücksichtigen Sie auch die Zeit, die Sie für die Instandhaltung benötigen. Oft wird nach dem Prinzip der Fruchtfolge gearbeitet. Sie müssen sich nicht streng danach richten, aber es ist sinnvoll, jedes Jahr andere Kulturen in einem Beet anzubauen. So können sich bodenbürtige Krankheitserreger nicht anreichern.

Im Küchengarten

Viele Obst- und Gemüsearten können in der Kombination mit Blumen angebaut werden. Stellen Sie dann aber sicher, dass die Nutzpflanzen genug Platz und Licht haben und sich gut entwickeln können.

Checkliste: Woran Sie denken sollten

Wasser:
Wie viel Wasser benötigen die einzelnen Kulturen?

- Kulturdauer:
  Schnell wachsend oder langsam wachsend?
- Keimungs- und Wachstumstemperaturen:
  Müssen die Kulturen vorgezogen werden, bevor sie ausgepflanzt werden können?
- Licht:
  Welche Kulturen brauchen volle Sonne?
- Schatten:
  Wie können schattige Bereiche genutzt werden?
- Bodenfruchtbarkeit:
  Muss der Boden vor dem Pflanzen verbessert werden?
- Schutz vor Kälte und Wind:
  Brauchen Sie Pflanzglocken oder einen anderen Schutz?

In diesem Beet wächst das Gemüse zwischen Stauden und einjährigen Sommerblumen.

Im ersten Jahr

Das erste Gartenjahr ist immer aufregend und oft staunt man, wie viel man in kurzer Zeit anbauen kann. Einjährige Gemüsearten und Salate können schon geerntet werden. Ausdauernde Gemüsearten und Obstgehölze werden gepflanzt, tragen aber erst in den folgenden Jahren.

Oben: Kürbis, unten: Kohlrabi

Entfernen Sie konkurrierendes Unkraut zwischen den Kulturen.

Theoretisch können Sie das ganze Jahr über säen und ernten. Die arbeitsreichsten Zeiten sind der Frühling, wenn der Großteil der Gemüsearten angezogen wird, und der Sommer, wenn die ersten Kulturen geerntet werden. Dies ist auch die Zeit, die Lücken mit Kulturen für die Ernte in der zweiten Jahreshälfte zu füllen. Im Herbst werden weniger Gemüsearten angezogen. Die meisten Nutzgärten liegen den Winter über brach. Dort kann eine Gründüngung (S. 86) ausgesät werden.

Was soll angebaut werden?

Das Ziel bei der Auswahl der Kulturen sollte sein, dass der Boden immer mit der maximal möglichen Anzahl an Pflanzen besetzt ist, sodass Sie das ganze Jahr über etwas ernten können. Einige Kulturen wie Kartoffeln oder Pastinaken belegen die Fläche für mehrere Monate. Andere wie Salate oder Rauke wachsen schnell. Pflanzen, die in unterschiedlichen Stadien geerntet werden können, sind für die Permakultur sehr wertvoll. Rote Bete kann zum Beispiel als Keimling für Salate verwendet werden, die Rüben werden in Tischtennisballgröße oder später in Tennisballgröße geerntet.

Was ist Gemüse?

Nach der exakten botanischen Definition bezeichnet man Pflanzen als Gemüse, wenn nur Pflanzenteile verzehrt werden, die nicht der Vermehrung dienen. Dazu gehören Stängel, Blätter, Sprosse und Wurzeln. Einige der beliebtesten Gemüse sind eigentlich also Früchte.

Blattgemüse

Sie werden meist jung geerntet. Salate gehören zu den schnell wachsenden Kulturen und sind erntereif, wenn die Blätter noch zart sind. Setzt die Blüte ein, verlieren sie ihren Geschmack. Kopfkohl-Arten mit kräftigem Laub wachsen langsam. Einige sind gut lagerfähig.

Wurzelgemüse

Wurzelgemüse-Arten wachsen langsam und müssen mehrere Monate im Boden bleiben, bis sie erntereif sind. Einige Arten, wie Radieschen und Rote Bete, können schon jung geerntet werden. Bei vielen ist auch das Laub essbar.

Stielgemüse

Einige wenige Gemüsearten wie der Bleichsellerie werden wegen ihrer Stiele angebaut. Meist dauert die Kultur mehrere Monate. (Spargel und Rhabarber – bei denen die Stiele gegessen werden – sind ausdauernde Stauden.)

Fruchtgemüse

Sie werden oft in Töpfen kultiviert. Dazu zählen Tomaten, Gurken, Paprika und Auberginen. Sie müssen im Haus vorgezogen werden. Sie können die ganze Vegetationsperiode im Schutz eines Gewächshauses oder Folientunnels verbringen.

Hülsenfrüchte

Sie gehören zur Familie der Leguminosen, zu ihnen zählen Erbsen und Bohnen. Einige wachsen als Kletterpflanzen und bringen verglichen mit der Fläche, die sie benötigen, einen hohen Ertrag. Da sie in die Höhe wachsen, werfen sie Schatten – bedenken Sie dies bei der Anbauplanung.

Für die Ernte im ersten Jahr

Die meisten Gemüse werden einjährig kultiviert – sie werden im selben Jahr angezogen und geerntet. Einige sind nach wenigen Wochen erntereif, andere nach mehreren Monaten. Manche Arten werden in einem Jahr angezogen und erst im nächsten geerntet. Aber auch sie stehen nicht länger als 12 Monate auf dem Beet.

Kartoffel (*Solanum tuberosum*)

Im Gegensatz zu den meisten Gemüsearten werden Kartoffeln nicht aus Samen gezogen. Man verwendet Knollen im Ruhestadium (»Saatkartoffeln«). Je länger sie im Boden bleiben, desto größer fällt die Ernte aus.

- Frühe Sorten (»Frühkartoffeln«) werden geerntet, wenn sich die Blüten öffnen.
- Späte Sorten erntet man im Herbst. Lassen Sie sie so lange wie möglich im Boden.

In kühlen Regionen schützen Sie Laub und Triebe vor Frost, indem Sie die Pflanzen über Nacht mit Zeitung abdecken.

Beliebte Blatt-, Knollen- und Stielgemüsearten und Hülsenfrüchte für den Anbau rund ums Jahr:

Botanischer Name	Deutscher Name	Aussaat	Ernte
Allium cepa	Schalotte	Winter/Frühling	Frühsommer
Allium cepa	Zwiebel	Frühling/Sommer	Frühling/Sommer/Herbst
Allium cepa	Frühlingszwiebel	Frühling/Sommer	Sommer/Herbst
Allium fistulosum	Winterheckenzwiebel	Frühling/Sommer/Herbst	Ganzjährig
Allium porrum	Porree	Später Winter	Sommer/Herbst/Winter
Allium sativum	Knoblauch	Herbst/Früher Frühling	Sommer/Herbst
Apium graveolens	Knollensellerie	Früher Frühling	Spätsommer/Herbst/Winter
Apium graveolens	Bleichsellerie	Frühling	Sommer/Herbst
Beta vulgaris	Mangold	Frühling/Sommer	Ganzjährig
Beta vulgaris	Rote Bete	Frühling/Sommer	Frühling/Sommer/Herbst
Brassica juncea	Brauner Senf	Sommer	Herbst/Frühling
Brassica napus	Steckrübe	Frühling	Herbst/Winter
Brassica oleracea	Brokkoli	Frühling	Frühling (im folgenden Jahr)
Brassica oleracea	Rosenkohl	Frühling	Herbst
Brassica oleracea	Kopfkohl	Frühling/Sommer	Frühling/Sommer/Herbst/Winter

Botanischer Name	Deutscher Name	Aussaat	Ernte
Brassica oleracea	Winter-Brokkoli	Frühling/Frühsommer	Sommer/Herbst
Brassica oleracea	Blumenkohl	Winter/Sommer/ Herbst	Frühling/Sommer/ Herbst/Winter
Brassica oleracea	Grünkohl	Frühling	Sommer/Herbst/ Winter
Brassica oleracea	Kohlrabi	Frühling/Sommer	Frühling/Sommer/ Herbst
Brassica rapa	Chinakohl	Frühsommer	Sommer
Brassica rapa	Pak Choi	Ganzjährig	Ganzjährig
Brassica rapa	Rübstiel	Frühling/Frühsommer	Sommer/Herbst
Cichorium endivia	Endivie	Frühling/Sommer	Frühling/Sommer
Cichorium intybus	Chicorée	Frühling/Sommer	Sommer/Herbst/ Winter
Daucus carota	Möhre	Frühling/Sommer	Sommer/Herbst/ Winter
Eruca vesicaria	Wilde Rauke	Ganzjährig	Ganzjährig
Foeniculum vulgare	Knollenfenchel	Frühling/Sommer	Sommer/Herbst
Latuca sativa	Salat	Frühling/Sommer/ Herbst	Frühling/Sommer/ Herbst
Pastinaca sativa	Pastinake	Frühling	Herbst/Winter
Phaseolus coccineus	Stangenbohne	Früher Frühling	Sommer
Phaseolus vulgaris	Buschbohne	Frühling/Sommer	Sommer/Herbst
Pisum sativum	Erbse	Frühling/Herbst	Frühling/Sommer
Raphanus sativus	Radieschen	Ganzjährig	Ganzjährig
Spinacia oleracea	Spinat	Frühling	Frühling/Sommer
Vicia faba	Dicke Bohne	Frühling/Frühsommer/ Herbst/Winter	Frühling/Sommer/ Herbst

Von oben nach unten: Rote Bete, Kopfkohl, Zuckererbsen

Von oben nach unten: Chili, Zucchini, Zuckermais

Fruchtgemüse & Kräuter

Vieles, was wir als Gemüse betrachten, weil es vorwiegend roh als Salat verzehrt wird, ist eigentlich eine Frucht. Die meisten Arten benötigen Sonne, um auszureifen. Einige können im Kübel oder im Folientunnel oder Gewächshaus angebaut werden. Sie werden im Frühjahr vorgezogen und von Sommer bis Herbst geerntet.

Fruchtgemüse

Botanischer Name	Deutscher Name	Gut zu wissen
Capsicum annuum	Paprika	In gemäßigtem Klima unter Glas/im Tunnel anbauen
Capsicum annuum	Chili	In gemäßigtem Klima unter Glas/im Tunnel anbauen
Cucumis melo	Zuckermelone	In gemäßigtem Klima unter Glas/im Tunnel anbauen
Cucumis sativus	Schlangengurke/ Einlegegurke	Einige Arten unter Glas/ im Tunnel anbauen
Cucurbita maxima, C. moschata	Riesenkürbis/ Moschuskürbis	Einige Sorten haben essbare Samen.
Cucurbita pepo	Gartenkürbis/ Zucchini	Zucchini klein ernten; essbare Blüten
Lycspermum esculentum	Tomate	Am besten im Kübel kultivieren (Pilzkrankheiten!)
Solanum melongena	Aubergine	In gemäßigtem Klima unter Glas/im Tunnel anbauen
Zea mays	Zuckermais	In Gruppen gepflanzt bilden sich mehr Kolben.

Gießen

Fruchtgemüse braucht regelmäßig Wasser, damit sich die Früchte gleichmäßig entwickeln.

Von links nach rechts: Salbei, Gewürzfenchel, Rosmarin

Botanischer Name	Deutscher Name	Gut zu wissen
Allium schoenoprasum	Schnittlauch	**A** Essbare Blüten
Anethum graveolens	Dill	**E**
Armoracia rusticana	Meerrettich	**A** Genutzt wird hauptsächlich die Wurzel.
Artemisia dracunculus	Estragon	**A** Eventuell Winterschutz notwendig
Coriandrum sativum	Koriander	**E**
Foeniculum vulgare	Gewürzfenchel	**A** Essbare Samen
Laurus nobilis	Lorbeer	**V** In geschützten Lagen für Hecken geeignet
Lavandula angustifolia	Lavendel	**V** Essbare Blüten, für Hecken geeignet
Mentha spicata	Minze	**A** Verträgt Schatten, breitet sich stark aus
Ocimum basilicum	Basilikum	**E** Braucht Wärme
Origanum vulgare	Majoran	**A**
Petroselinum crispum	Petersilie	**E**
Salvia rosmarinus	Rosmarin	**V** Essbare Blüten, für Hecken geeignet
Rumex acetosa	Sauerampfer	**A** Für Waldgärten geeignet
Salvia officinalis	Salbei	**V**
Thymus vulgaris	Thymian	**V**

Kräuter

Als Kräuter bezeichnet man Pflanzen, die hauptsächlich wegen ihrer Blätter angebaut und in kleinen Mengen zum Würzen von Speisen verwendet werden. Einige sind einjährig, andere ausdauernd oder verholzend und damit langlebig. Man kauft sie meist als Pflanze, damit schon im ersten Jahr geerntet werden kann.

Die meisten Kräuter gedeihen auch in Töpfen. Sie können sie auf eine Terrasse in Hausnähe stellen (Zone 0, S. 13). So haben Sie sie immer frisch zur Verfügung. Um ernten zu können, lohnt es sich, mehrere Pflanzen der gleichen Art anzubauen und diese gleichmäßig zu beernten.

Einjährige vorziehen

Einjährige werden im Frühling vorgezogen und die Blätter den Sommer über geerntet. Sie können sie auch im Spätsommer oder frühen Herbst aussäen und im Frühbeetkasten überwintern. Dort kann man sie auch im Winter ernten. Die Blätter lassen sich einfrieren oder trocknen und in Schraubgläsern aufbewahren.

Im Kräutergarten können Kräuter und Gewürze immer frisch geerntet werden.

A – ausdauernd
E – einjährig
V – verholzend

Einjährige anbauen

Es gibt verschiedene Aussaatmethoden, je nachdem, welche Bedingungen eine Art beim Keimen benötigt und wie groß der Samen ist. Einige Arten kann man direkt ins Freiland säen, andere zieht man besser in Aussaatschalen im Haus vor und pflanzt sie später in den Garten aus.

Direktsaat im Freiland

Große Samen, die einzeln gesät werden, legt man im endgültigen Abstand in den Boden. Feines Saatgut wird in Horsten oder gleichmäßig in die Saatrille gelegt.

1. Den Boden vorsichtig rechen und Unkräuter entfernen.

2. Mit einer Latte eine Rille in den Boden drücken.

3. Die Samen einzeln in die Rille legen und leicht festdrücken. Die Abstände richten sich nach den Empfehlungen für die Art.

4. Die Samen leicht mit Erde bedecken.

In Sätzen aussäen

Säen Sie über mehrere Wochen verteilt mehrere Sätze aus. So können Sie über einen längeren Zeitraum ernten.

Das Vereinzeln

Bei feinem Saatgut wird später ausgedünnt, sodass die übrigen Pflänzchen im für die jeweilige Art gewünschten Abstand stehen. Die Keimlinge kann man kompostieren oder roh in Salate mischen.

Geschützter Anbau

Pflanzen, die für die Keimung höhere Temperaturen benötigen, sollten geschützt, also im Gewächshaus, Folientunnel oder auf einer sonnig gelegenen Fensterbank im Haus, vorgezogen werden. In einem beheizbaren Anzuchtkasten bleibt die Temperatur gleichmäßig.

Sind die Samen groß genug, um sie einzeln zu säen, wird jeder in einen Topf gelegt. Feines Saatgut wird in Aussaatschalen gesät.

Aus den Aussaatschalen werden die Keimlinge später in Töpfe oder Anzuchtplatten vereinzelt bzw. pikiert. Meist beginnt man damit, wenn sich ein zweites Blattpaar gebildet hat. Beim Vereinzeln der Keimlinge fassen Sie diese an einem Blatt an, damit der dünne Stängel und die feinen Wurzeln nicht beschädigt werden.

Das Abhärten

Geschützt vorgezogene Jungpflanzen müssen sich erst an die Bedingungen im Freien akklimatisieren, bevor sie nach draußen umziehen dürfen. Härten Sie die Jungpflanzen zwei bis vier Wochen lang ab, sobald die Temperaturen im Freien warm genug sind. Dafür stellen Sie sie tagsüber ins Freie und nachts ins Frühbeet oder zurück ins Haus. Ist das Wurzelsystem gut ausgebildet und sind keine Fröste mehr zu erwarten, können die Pflanzen ins Freie gesetzt werden. Bei einem Kälteeinbruch decken Sie sie mit einer Pflanzglocke oder Folie ab.

Die Ernte

Ernten Sie die Kulturen, wenn sie voll ausgewachsen sind. Je früher Sie ernten, desto milder ist der Geschmack und desto schneller garen die Pflanzen. Einige können sogar roh gegessen werden. Reiferes Gemüse ist größer, aber unter Umständen faseriger. Es lässt sich meistens besser lagern.

Zwiebeln lagern

Für den sofortigen Gebrauch können Zwiebeln laufend geerntet werden. Es lohnt sich aber, einige wachsen zu lassen und für den Winter zu lagern.

1 Ist das Laub welk geworden und abgestorben, ziehen Sie die ganze Pflanze aus dem Boden. Dabei sollte die Zwiebel nicht beschädigt werden. Am einfachsten geht das, wenn der Boden trocken ist.

2 Die Zwiebeln müssen dann mindestens zehn Tage in der Sonne trocknen. Bei feuchtem Wetter geht dies auch im Gewächshaus, Folientunnel oder sogar in der Küche. Dafür legt man sie in Holzkisten oder auf Tabletts oder hängt sie in Netzen auf. Nur wenn sie gut belüftet sind, trocknen sie vollständig ab.

3 Nach dem Trocknen werden sie in mehreren Schichten oder in Netze gepackt und kühl und trocken gelagert.

Eigenes Saatgut gewinnen

Statt jedes Jahr neues Saatgut zu kaufen, können Sie es ganz leicht selbst gewinnen. Lassen Sie dafür einige Pflanzen auswachsen und Samen ansetzen, die Sie dann sammeln und für nächstes Jahr aufbewahren. In Gartengruppen oder Kleingartenvereinen können Sie mit anderen Mitgliedern Saatgut tauschen.

Das Saatgut dieser Pflanzen eignet sich zum Lagern:

- Basilikum
- Bohne
- Chicorée
- Erbse
- Fenchel
- Mangold
- Petersilie
- Rauke
- Ringelblume
- Rote Bete
- Salat
- Schnittlauch
- Tomate

Saatgut ernten

Bei Pflanzen wie Rote Bete oder Rauke, die normalerweise geerntet werden, bevor sie Blüten ansetzen, lassen Sie einfach einige Exemplare blühen. Sie bilden im Spätsommer Samen.

Ernten Sie die Samen, wenn die Triebe und Samenansätze zu welken beginnen. Die Samenkapseln brechen dann auf und setzen die Körner frei. Schneiden Sie Samen tragende Stiele von der Pflanze und schütteln Sie sie über einem Blatt Papier aus. Knicken Sie das Blatt einmal und schütten Sie die Samen in einen Briefumschlag oder ein Schraubglas und notieren Sie den Pflanzennamen darauf.

Saatgut lagern

Getrocknet kann man die Samen über Winter lagern. Damit sie nicht faulen oder frühzeitig keimen, sollten sie an einem kühlen, trockenen Ort aufbewahrt werden. Der Kühlschrank ist ideal.

Selbstaussaat

Einige Arten säen sich selbst aus, wenn man die Samen an den Pflanzen lässt. Halten Sie nahe der Mutterpflanze Ausschau nach Sämlingen. Diese können sie verpflanzen oder als Salat oder als Dekoration von Speisen verzehren.

Gut zu wissen:
Nachsaaten von F_1-Hybriden sehen unterschiedlich aus.

Was ist eine F_1-Hybride?

Um eine F_1-Hybride (erste Filial- oder Tochtergeneration) zu produzieren, müssen Saatzuchtfirmen Arten oder Sorten finden, die die gewünschten Eigenschaften haben. Das können größere Früchte, Resistenzen oder Blütenfarben sein. Die Arten werden gekreuzt und bilden Samen der ersten Generation, die die Eigenschaften der beiden Herkunftsarten vereinen und »Hybridkräfte« haben.

Die Samen dieser Hybriden bringen keine einheitlichen Pflanzen hervor, sondern tragen die Merkmale eines der Kreuzungspartner.

1

Tomatensamen gewinnen

Bei Tomaten sind die Samen in gallertartiges Fruchtfleisch gehüllt. Wird es nicht entfernt, fault es. Im Folgenden erfahren Sie, wie man es entfernt und die Samen zum Lagern trocknet. Je nach Wetter kann es vier bis fünf Tage dauern, bis das Fruchtfleisch sich aufgelöst hat und die Samen herausgelöst, getrocknet und gelagert werden können.

1. Eine reife Tomate in der Mitte teilen, sodass die Samen freiliegen. Die Samen in der Fruchtfleischhülle mit einem Teelöffel aus der Frucht lösen.

2

3

2. Ein Schraubglas zur Hälfte mit Wasser füllen. Die Samen hineinlegen und vorsichtig umrühren.

3. Das Glas mit Frischhaltefolie verschließen. Mit einem scharfen Messer oder einem Spieß Löcher in die Folie piksen. Das Glas an einen etwa 20 °C warmen Ort stellen.
Am folgenden Tag die Folie abnehmen, die Flüssigkeit vorsichtig umrühren und wieder mit Folie verschließen. Ein- bis zweimal täglich wiederholen, bis sich die Samen vom Fruchtfleisch gelöst haben.

4. Die Frischhaltefolie abnehmen. Hat sich auf dem Wasser Schaum gebildet, diesen mit einem Löffel abschöpfen. Den Inhalt des Glases durch ein feines Sieb gießen.

5. Die Samen unter laufendem Wasser gründlich abspülen und gleichmäßig und einlagig auf einem Stück Küchenpapier ausbreiten. Etwa eine Woche an einem warmen, trockenen Platz trocknen lassen, die Samen dabei gelegentlich wenden.

4

Tomatensamen sind meistens ziemlich teuer. Viele Sorten sind samenfest, produzieren also aus selbst gewonnenem Saatgut Pflanzen mit den gleichen Eigenschaften wie die Mutterpflanze. Bei alten Sorten funktioniert das besonders gut.

5

Für die Ernte ab dem zweiten Jahr

Es lohnt sich, Beerensträucher anzubauen. Sind sie einmal eingewachsen, tragen sie regelmäßig und brauchen wenig Pflege. Die Ernte fällt hauptsächlich in den Sommer, wenn die Sonne die Früchte reifen lässt. Mit Herbst-Himbeeren können Sie die Saison um einige Wochen verlängern. Die meisten Beeren können roh und ungesüßt gegessen werden oder man kocht oder friert sie ein.

Oben: Heidelbeerblüten
Unten: Schwarze Johannisbeere

Beerensträucher

Blüte im Frühling, Ernte im Hochsommer (Ausnahmen angegeben)

Botanischer Name	Deutscher Name	Gut zu wissen
Ribes nigrum	Schwarze Johannisbeere	Reich an Vitamin C
Ribes rubrum var. *domesticum*	Weiße Johannisbeere	
Ribes uva-crispa	Stachelbeere	Gekocht am leckersten
Rubus Sect. *Rubus*	Brombeere, Art und Hybriden	Verträgt Schatten und wächst an kühlen, feuchten Plätzen
Rubus idaeus	Himbeere	Einige Sorten werden im Herbst geerntet.
Vaccinium corymbosum	Amerikanische Heidelbeere	Braucht sauren Boden

Erdbeere

Fragaria × ananassa

Im Gegensatz zu fast allen anderen Beeren sind Erdbeeren Stauden und bilden Ausläufer – lange Triebe, an deren Ende kleine Pflanzen sitzen. Sie eignen sich für die Bodendeckerschicht im Waldgarten (S. 114) und können an Staudenbeeten als Einfassung gezogen werden. Pflanzen Sie unterschiedliche Sorten, sodass Sie vom Sommer bis in den Herbst hinein ernten können.

Eine dicke Schicht Stroh hält die Beeren vom Boden fern, so werden sie nicht verunreinigt.

Jeweils von links nach rechts: oben: Stachelbeere, Rote Johannisbeere; unten: Himbeere, Weiße Johannisbeere

Beerensträucher pflanzen

Eine gute Zeit, Gehölze zu pflanzen, ist von Herbst bis Winteranfang. Der Boden ist dann noch warm und die Wurzeln wachsen in die Tiefe, während die oberen Pflanzenteile in der Ruhephase sind. Das führt zu einem kräftigen Austrieb im Frühjahr.

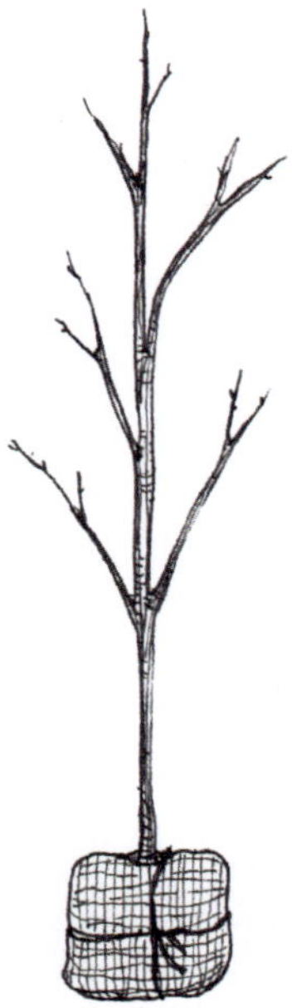

Der Umgang mit wurzelnackten Pflanzen

Oft gibt es Beerensträucher ab dem Herbst »wurzelnackt« zu kaufen. In dieser Form sind sie am günstigsten. Manchmal gibt es Pakete mit fünf oder mehr Sorten.

Was sind wurzelnackte Pflanzen?

Wurzelnackte Pflanzen wurden im offenen Boden statt in einem Topf angebaut. Haben sie im Herbst ihr Laub verloren, werden sie ausgegraben, die Wurzeln in Jute oder Kunststoffgewebe eingepackt und vor Ort verkauft oder per Post versandt. Sie sind gut zu transportieren.

Wurzelnackte Gehölze pflanzen

Pflanzen Sie sie möglichst schnell nach dem Kauf. Herrscht gerade Frost, lagern Sie die Pflanzen verpackt an einem kühlen, dunklen, aber frostfreien Platz. Ein Schuppen oder eine Garage ist ideal.

Zum Pflanzen:

- Den Wurzelballen auspacken und die Erde abschütteln.
- Die Pflanzen etwa eine Stunde oder besser über Nacht in einen wassergefüllten Eimer stellen.
- Ein Loch graben, in das der Wurzelballen bequem hineinpasst, und es mit der ausgehobenen Erde wieder füllen.

> Gut zu wissen:
> Mykorrhiza-Pilze (S. 21) sind beim Pflanzen von wurzelnackten Gehölzen besonders nützlich, da die Wurzeln unter Umständen mehrere Wochen nicht in Kontakt mit Bodenorganismen gekommen und außerdem ausgetrocknet sind.

Einen Beerenstrauch aus dem Container pflanzen

Als Containerpflanzen können Beerensträucher das ganze Jahr über gepflanzt werden. Nur bei gefrorenem Boden und während heißer, trockener Sommerperioden ist dies nicht möglich.

1. Ein Loch graben, in das der Wurzelballen gut hineinpasst. Die Pflanze kräftig gießen, damit die Erde an den Wurzeln bleibt. Ein Präparat mit Mykorrhiza-Pilzen in das Loch oder an die Basis des Wurzelballens geben. Ist der Ballen feucht genug, bleiben die Pilze am Ballen hängen.

2. Die Pflanze ins Loch setzen, sodass sie so hoch wie vorher im Container steht.

Wurzelnackte und Containergehölze nach dem Pflanzen gut angießen und dick mulchen, damit die Feuchtigkeit im Boden bleibt. Feuchtes Mulchmaterial legt man ringförmig um die Pflanzenbasis. Die Rinde würde sonst faulen.

Reife Himbeeren lassen sich ganz leicht vom Strauch ziehen. Je nach Sorte sind sie von Hochsommer bis Herbst erntereif.

Beerenobst ernten

Zum direkten Verzehr oder zum Einfrieren erntet man die Beeren vollreif, für Marmeladen und Gelees etwas früher. Sie enthalten dann mehr Pektin und gelieren besser.

Da das meiste Beerenobst auch bei Vögeln beliebt ist, gibt es spezielle »Obstkäfige«, die die Tiere fernhalten.

Ausdauernde Arten anbauen

Ausdauernde Gemüsearten sind für die Permakultur sehr wichtig. Gesunde Pflanzen können viele Jahre oder sogar für immer beerntet werden, und das fast, ohne den Boden zu stören. Sind die Pflanzen einmal eingewachsen, müssen sie nur noch gemulcht werden, um die Bodenfruchtbarkeit zu erhalten.

Ausdauernde Arten bilden im Waldgarten (S. 114) eine sehr produktive Schicht, die von Bäumen und Sträuchern beschattet wird. Viele sind sogar so dekorativ, dass man sie in dem Teil des Gartens, der in erster Linie der Erholung dient, zwischen Stauden pflanzt.

Bei einjährigen Gemüsearten und Obstbäumen erntet man so viel wie möglich. Bei ausdauernden Gemüsearten, die wegen ihrer Triebe und Blätter angebaut werden, ist es dagegen wichtig, sie nicht vollständig abzuernten. Das würde die Pflanzen erschöpfen. Ernten Sie nur etwa die Hälfte bis zwei Drittel und lassen Sie die restliche Pflanze unberührt. Gönnen Sie den Pflanzen im Wechsel alle paar Jahre eine Pause.

Ausdauernde Gemüsearten

Botanischer Name	Deutscher Name	Essbare Teile
Allium ursinum	Bärlauch	Junges Laub/Blüten
Asparagus officinalis	Spargel	Junge Triebe
Crambe maritima	Meerkohl	Junge Triebe
Cynara scolymus	Artischocke	Blütenknospen; Winterschutz notwendig
Helianthus tuberosus	Topinambur	Knollen
Levisticum officinale	Liebstöckel	Junges Laub/Stiele
Rheum rhabarbarum	Rhabarber	Junge Triebe
Rumex acetosa	Sauerampfer	Junges Laub

Links von oben nach unten: Meerkohl, Liebstöckel, Artischocke

Rhabarber pflanzen

Botanisch gesehen, zählt er zum Gemüse, da die Stängel gegessen werden. Eingewachsene Pflanzen können sehr alt werden. Stand der Rhabarber vorher in Torferde, entfernt man diese möglichst gründlich vor dem Einpflanzen. Torf neigt dazu auszutrocknen und verhindert, dass die Wurzeln Wasser gut aufnehmen.

1. Die Pflanze in einen wassergefüllten Behälter stellen. Die vollgesogene Erde lässt sich besser von den Wurzeln lösen.

2. Den Topf vom Wurzelballen ziehen.

3. Mit den Fingern vorsichtig die Erde von den Wurzeln lösen.

4. Ein Loch graben, in das der Ballen gut hineinpasst, und die Wurzeln darin ausbreiten. Die Pflanze kräftig angießen und dick mit organischem Material mulchen.

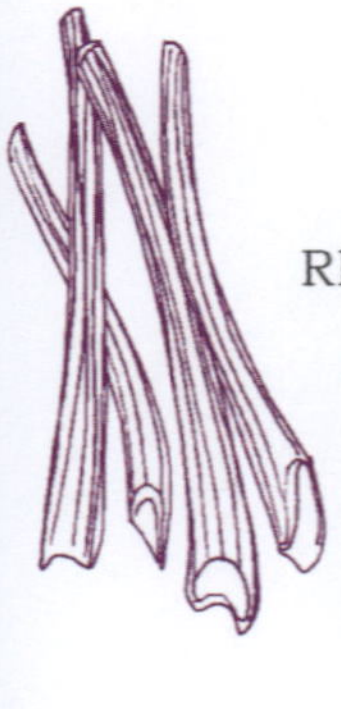

Rhabarber ernten

Lassen Sie die Pflanze mindestens ein Jahr wachsen, bevor Sie die Stängel ernten. Greifen Sie dabei den Stängel möglichst weit unten und ziehen ihn dann nach außen, sodass er sich sauber löst. Nur die roten Teile sind essbar, das Laub ist giftig, kann aber kompostiert werden.

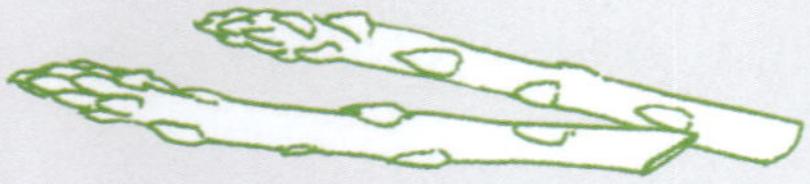

Spargel anbauen

Spargelpflanzen werden meist zum Beginn der Vegetationszeit wurzelnackt angeboten.

Spargel braucht einen gut durchlässigen Boden und wird meist auf Dämmen angebaut. Sie können aber auch eine 15–20 cm tiefe und breite Furche graben.

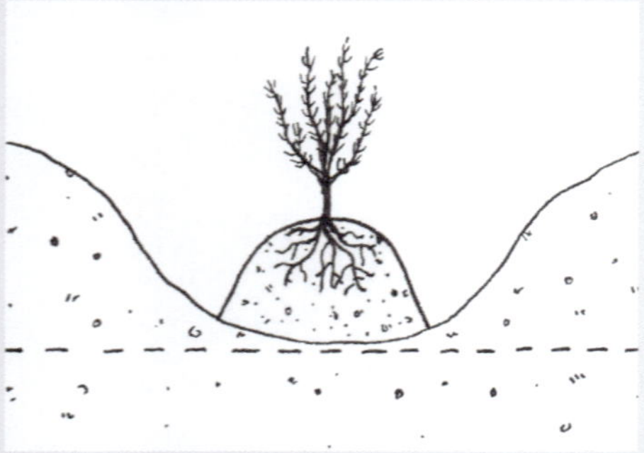

Am Boden der Furche einen etwa 8 cm hohen und 15–20 cm breiten Hügel aufschütten.

Die Jungpflanzen daraufsetzen und die Wurzeln sternförmig ausbreiten.

Die Furche so hoch mit Erde füllen, dass die Wurzeln leicht bedeckt sind.

Während die Triebe wachsen, die Furche nach und nach so auffüllen, dass immer etwa 8–10 cm des Triebs frei bleiben.

Grünspargel ernten

Wenn die Triebe etwa 15 cm hoch sind, kurz unter der Bodenoberfläche abschneiden.

Pflanzen, die ab dem dritten Jahr geerntet werden

Obst- und Nussbäume, auch Obstgehölze genannt, können manchmal schon ab dem dritten Jahr beerntet werden. Je älter sie werden, desto mehr tragen sie. Die Gehölze bilden die oberste Schicht einer Mischpflanzung und sind wertvoller Bestandteil des Waldgartens (S. 114).

Obstgehölze anbauen

Kommerzielle Betriebe pflanzen meist Reihen einer Sorte. Bei der Permakultur sollen aber möglichst viele Arten und Sorten angebaut werden. Wählen Sie solche, die zu unterschiedlichen Zeiten blühen. Wird ein Baum vom Frost geschädigt, kann einer, der später blüht, trotzdem Früchte ansetzen.

Die Befruchtung

Einige Apfel-, Birnen- Kirsch- und Pflaumensorten benötigen eine passende Befruchtersorte (eine andere Sorte, die zur selben Zeit blüht), damit die Blüten bestäubt werden und zu Früchten reifen. Für kleine Gärten, in denen nur Platz für eine Sorte pro Obstart ist, wählen sie selbstbefruchtende Sorten, die ohne einen Baum einer Befruchtersorte in der Nähe auskommen.

In der Sonne reifende Birnen.

Obstgehölze

Wenn nicht anders angegeben, tragen alle im Frühling Blüten und im Spätsommer bis Herbst Früchte.

Botanischer Name	Deutscher Name	Gut zu wissen
Castanea sativa	Esskastanie	Wächst oft in der Nähe essbarer Pilze
Corylus avellana	Haselnuss	Zum Auf-den-Stock-Setzen geeignet
Diospyros kaki	Kakipflaume	Früchte im späten Herbst
Ficus carica	Feige	In kühlen Regionen vor warme Mauern pflanzen
Juglans regia	Walnuss	Unreife Früchte eignen sich zum Einlegen.
Malus domestica	Apfel	Einige Sorten tragen nur alle zwei Jahre.
Olea europaea	Olive	Früchte reifen nur in mediterranem Klima.
Prunus armeniaca	Aprikose	In kühlen Regionen vor warme Mauern pflanzen
Prunus avium	Kirsche	Früchte bei Vögeln sehr beliebt.
Prunus domestica	Pflaume	Ausdünnen der Früchte sinnvoll
Prunus dulcis	Mandel	Vor allem für mediterranes Klima geeignet
Prunus persica	Pfirsich	In kühlen Regionen vor warme Mauern pflanzen
Pyrus communis	Birne	Die meisten Sorten benötigen eine Befruchtersorte.

Jeweils von links nach rechts: oben: Feige, Kirsche; unten: Aprikose, Pfirsich

Obstgehölze pflanzen

Wenn sie sorgfältig gepflanzt werden, wachsen Obstgehölze schnell und bieten schon nach ein paar Jahren eine reiche Ernte.

Haselnusssträucher tragen nach drei oder vier Jahren Nüsse. Sie sind reif, wenn die Schale gelb wird.

Apfelernte

Kurz- und mittelfristig betrachtet benötigen Obstgehölze viel Wasser. Sind sie eingewachsen, brauchen sie jedoch keine zusätzliche Bewässerung. Nur in langen Trockenperioden im Sommer kann es notwendig sein, sie zu gießen. Fällt eine solche Trockenzeit mit dem Reifen der Früchte zusammen, kann Wassermangel dazu führen, dass die Bäume zum Selbstschutz Früchte abstoßen.

Die Gehölze platzieren

Wählen Sie den Platz für die Bäume sorgfältig. Sie sind langlebig; einige können die Person, die sie gepflanzt hat, überleben. Bedenken Sie immer auch den Einfluss, den sie auf die Umgebung haben: das Wasser, das sie aus dem Boden aufnehmen, den Schatten, den sie werfen, und den Schutz, den sie bieten.

Früchte ausdünnen

Manche Bäume bilden bis zur Erschöpfung Früchte. Dies ist vor allem bei Pflaumen bekannt, bei denen das Gewicht der Früchte Äste zum Abbrechen bringen kann. Und bei Äpfeln, die im darauffolgenden Jahr keine Früchte tragen und diesen zweijährigen Wechsel beibehalten.

Verhindern Sie dies, indem Sie, kurz nachdem sich die Fruchtansätze gebildet haben, diese reduzieren. Schneiden Sie etwas mehr als die Hälfte mit einer Schere heraus, sodass gerade so viele Ansätze übrig bleiben, dass sie genügend Platz haben, sich zu entwickeln.

Äpfel ernten & lagern

Pflücken Sie Äpfel, wenn sie voll ausgereift sind. Nehmen Sie dabei die Frucht in die Hand und drehen Sie sie vorsichtig. Reife Früchte lassen sich leicht vom Baum lösen.

Je nach Sorte können Äpfel bis zu fünf Monaten gelagert werden. Wickeln Sie unbeschädigte Früchte in Pergamentpapier und legen sie es in Obststiegen. Stellen Sie diese an einem kühlen, leicht feuchten Platz auf. Das kann ein Schuppen oder eine Garage sein. Gelagerte Äpfel sind weniger knackig, aber süßer.

Obstgehölze mit Gießrand pflanzen

Bäume werden wie Beerensträucher gepflanzt (S. 172). Damit möglichst viel Wasser an die Wurzeln gelangt, legen Sie einen Gießrand an. Diese Methode wird oft in trockenen Regionen angewendet, wo Wasser kostbar ist.

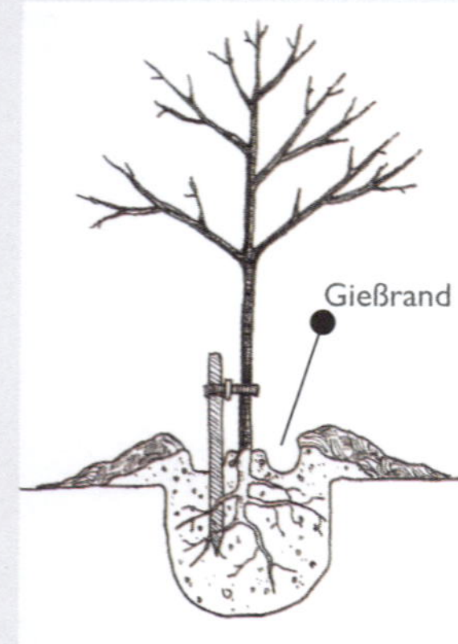

1. Ein Loch graben, das so groß ist, dass der Wurzelballen bequem hineinpasst.

2. Die Pflanze aus dem Container nehmen und die Wurzeln kontrollieren. Sie sollten kräftig und gesund sein. Wurzelnackte Pflanzen gut wässern.
Die Pflanze in das Loch setzen und die Höhe mit einem Stock oder einer Latte kontrollieren. Die Oberfläche des Ballens sollte etwas höher als die des Bodens sein.

3. Die Erde um den Wurzelballen bis zum Stamm anhäufeln.

4. Um den Baum eine dicke Mulchschicht streuen.

Rund um den Hauptstamm einen flachen Graben ausheben. In ihm sammelt sich Wasser, das dann der Pflanze zur Verfügung steht.

5. Den Gießrand mit Wasser füllen und warten, bis es versickert.

Gut zu wissen:
Junge Bäume mit einem biegsamen Stamm am besten an einem Stock oder Pfahl anbinden, den man neben der Pflanze in den Boden steckt. Er stabilisiert das Gehölz bei Wind: Unten ist er im Boden verankert, oben kann er sich im Wind bewegen. Der Stamm wird dadurch stabiler.

Gehölzschnitt in der Permakultur

Alle Gehölze haben die Fähigkeit sich zu erneuern. In der Natur geschieht dies, wenn ein Sturm Äste von einem Baum gerissen hat. Kleinere Pflanzen wachsen weiter, nachdem sie von Schädlingen befallen wurden oder äsende Tiere junge Triebe abgefressen haben. Ein wichtiger Aspekt der Permakultur ist, dass Pflanzen so ungestört wie möglich wachsen sollen.

Traditionellerweise werden Gehölze regelmäßig und nach strengen Regeln geschnitten, meist mit dem Ziel, die Ernte zu steigern. Es hat sich aber herausgestellt, dass ungeschnittene Bäume auf lange Sicht genau so produktiv sein können wie geschnittene. Je mehr Raum sie einnehmen, umso mehr werden sie zu einem wertvollen Lebensraum für eine Vielzahl an Lebewesen. Es reicht aus, Gehölze nur minimal zu beschneiden. Beerensträucher hält man mit einem jährlichen oder zweijährigen Schnitt kompakt.

Abgebrochene Äste von Beerensträuchern entfernt man regelmäßig mit einer scharfen Gartenschere.

So wird geschnitten

Ein Rückschnitt regt zu neuem Wachstum an. Die Pflanze wird dabei aber auch verletzt und muss sich selbst heilen.

Zuerst überwächst Wundgewebe die Stelle, dann bildet sich ein neuer Trieb. Man kann sich den Schnitt also als Verjüngung der Pflanze vorstellen.

- Saubere, scharfe Werkzeuge verwenden:
  Nutzen Sie saubere und scharfe Werkzeuge. Glatte Schnitte heilen schneller.
- Bei beständigem Wetter schneiden:
  Regen kann Krankheitserreger transportieren, die durch die Schnittwunde in die Pflanze eindringen können.
- Düngen:
  Für eine rasche Heilung stärkt man die Pflanze mit organischem Dünger.

- Wässern und Mulchen:
  Gießen Sie die Pflanze und mulchen Sie rund um ihre Basis, damit der Boden feucht bleibt.

Abgestorbene, kranke & verletzte Triebe

In vielen Fällen reicht es, nur Pflanzenteile herauszuschneiden, die abgestorben, krank oder verletzt sind. Dafür gibt es keinen bestimmten Zeitpunkt, man sollte es nur möglichst bald tun, wenn man solche Pflanzenteile entdeckt.

Die Gesundheit fördern

Viele Obstgehölze sind anfällig für Krankheiten, die im Spätsommer auftreten, vor allem, wenn sie während des Jahres stark gewachsen sind. Wenn der Herbst kommt und die Temperaturen sinken, staut sich kühle Luft, die Mehltau oder andere Pilzkrankheiten mit sich bringt, zwischen den dicht stehenden Ästen. Um dies zu vermeiden, dünnen Sie die Gehölze im Hochsommer aus, zum Beispiel während der Ernte. So kann die Luft frei zirkulieren.

Gehölzschnitt entsorgen

Je nach Dicke der Äste und Zweige gibt es verschiedene Möglichkeiten, Gehölzschnitt zu entsorgen.

- Dickere Äste ins Hügelbeet (S. 66) legen.
- Feste Äste schreddern (S. 96) und zum Mulchen oder als Wegbelag nutzen.
- Dünne Zweige als Füllung in den Fächern des Insektenhotels verwenden (S. 142).

Wenn der Gehölzschnitt auf keine der oben genannten Arten weiterverwendet werden kann, verbrennt man ihn und streut die Asche auf den Komposthaufen oder rund um Obstgehölze. Die Asche ist eine gute Kaliumquelle.

Bäume

- Verletzte, dickere Äste mit einer Handsäge herausschneiden.
- Die Ränder mit einer Hippe glätten.
- Falls nötig, die Schnittfläche mit einem Wundverschlussmittel abdecken.

Beerensträucher

Sie werden am besten zum Winterende oder Frühlingsbeginn geschnitten, wenn das Wachstum einsetzt.

- Einige Triebe, die im letzten Jahr Früchte getragen haben, entfernen. Über einem nach außen zeigenden Auge abschneiden.
- Jüngere, gesunde Triebe nicht schneiden. Sie bilden im nächsten Jahr Blüten und Früchte.

Himbeeren

Bei Herbst-Sorten alle Triebe direkt über dem Boden abschneiden, wie im Abschnitt über das Auf-den-Stock-Setzen beschrieben (S. 88).

Pflanzen mit essbaren Blüten nutzen

Ein Permakultur-Garten soll produktiv sein. Er soll aber auch ein Ort zum Erholen sein und es gibt keinen Grund, warum es dort nicht viele Pflanzen mit hübschen essbaren Blüten geben sollte.

Dekorieren Sie Sommersalate mit frisch gepflückten Blüten.

Bei der Auswahl der Blütenpflanzen sollten Sie sich davon leiten lassen, welchen Wert sie für das vielfältige Ökosystem haben, das Sie schaffen möchten. Die Blüten locken Bestäuber und andere Insekten an, die die Artenvielfalt im Garten erhöhen. Viele haben sogar essbare Blüten und können roh, einige sogar gekocht verzehrt werden.

Für den Anbau im Garten ist eine Vielzahl an ausdauernden Blütenstauden und ein- oder zweijährigen Sommerblumen geeignet. Mischen Sie sie in Salate oder dekorieren Sie Kuchen und Süßspeisen damit. Sie können damit auch Öle oder Butter aromatisieren und färben.

Essbare Blüten ernten

Am besten ist es, die Blüten frisch zu verwenden. Man kann sie aber auch einfrieren oder trocknen. Entfernen Sie die Staubgefäße in der Mitte der Blüte und verwenden Sie nur die Blütenblätter. Das untere Ende von größeren Blütenblättern von Rosen oder Stockrosen kann bitter schmecken. Es sollte abgeschnitten werden.

Am intensivsten sind Geschmack und Farbe, wenn Sie bei trockenem Wetter frühmorgens junge Blüten und Knospen ernten.

Zierpflanzen

Botanischer Name	Deutscher Name
Alcea rosea	Stockrose
Bellis perennis	Gänseblümchen
Chrysanthemum	Chrysantheme
Dianthus	Nelke
Helianthus annuus	Sonnenblume
Hemerocallis	Taglilie
Lilium lancifolium	Tiger-Lilie
Malva sylvestris	Wilde Malve
Monarda didyma	Indianernessel
Pelargonium	Duft-Geranie
Primula vulgaris	Kissenprimel
Rosa	Rose
Sambucus nigra	Holunder
Tropaeolum majus	Kapuzinerkresse
Viola odorata	Duftveilchen

Blätter oder Blüten?

Einige Kräuter und Gemüsearten, die hauptsächlich wegen ihrer Blätter angebaut werden, haben essbare Blüten. Das Pflücken der Blätter hemmt die Blütenbildung, was von Vorteil ist, da die Blätter nach der Blüte meist bitter werden. Möchten Sie jedoch die Blüten ernten, lassen Sie einige der Stängel oder einzelne Pflanzen wachsen, ohne die Blätter zu ernten.

Gemüse & Kräuter

Botanischer Name	**Deutscher Name**
Allium schoenoprasum	Schnittlauch
Anethum graveolens	Dill
Borago officinalis	Borretsch
Cucurbita spp.	Kürbis/Zucchini
Eruca vesicaria	Senfrauke
Foeniculum vulgare	Fenchel
Lavandula spp.	Lavendel
Mentha spp.	Minze
Ocimum basilicum	Basilikum
Pisum sativum	Erbse
Salvia rosmarinus	Rosmarin
Thymus spp.	Thymian
Trifolium pratense	Wiesenklee

Jeweils von links nach rechts: oben: Borretsch, Zucchini; Mitte: Stockrose, Thymian; unten: Wiesenklee, Kapuzinerkresse

Pflanzen mit mehrfachem Nutzen

In einer Permakultur müssen sich Pflanzen ihre Daseinsberechtigung verdienen. Einige Arten haben neben ihrem ästhetischen Wert und dem Beitrag, den sie zur Ernährung und zum Ökosystem als Ganzem leisten, noch weitere Pluspunkte. Sie liefern zum Beispiel Materialien für Pflanzenstützen oder andere Bauprojekte.

Oben: Bambus; unten: Stangenbohnen

Bambus

Die Gräser mit verholzenden Trieben eignen sich gut als Sicht- oder Windschutz. Sie wachsen auch in magerem Boden. Die Triebe sind sehr fest. In tropischen und subtropischen Regionen werden sie zum Haus- oder Möbelbau verwendet. Für einige Arten benötigt man eine Rhizomsperre (RS), sonst breiten sie sich enorm aus.

Für einzelne Pflanzen

Um Pflanzenstützen herzustellen, schneidet man dreijährige Triebe im Frühjahr bodennah ab. Die Blätter können als Mulch liegen bleiben. Sie enthalten Kieselsäure, die die Triebe stabil macht. Verwenden Sie einzelne Stangen, um Pflanzen daran anzubinden oder Dreibeine als Pflanzstützen zu bauen.

Für Reihenpflanzungen

- Für in Reihen wachsende Stangenbohnen (oder andere einjährige Kletterpflanzen) 2 m lange Bambusstangen in den Boden stecken. Abstand der parallel laufenden Reihen: 30–45 cm.
- Die Stangen etwa 15 cm unter dem oberen Ende zusammenbinden. Zum Stabilisieren eine Stange quer darüberlegen und festbinden. Jede Stange dient einer Pflanze als Stütze.

Empfehlenswerte Bambus-Arten für Pflanzenstützen

Phyllostachys aurea
4,5 m (RS)

Phyllostachys flexuosa
4 m (RS)

Pleioblastus simonii
4–5 m (RS)

Pseudosasa japonica
4–5 m (RS)

Semiarundinaria fastuosa
5–6 m (RS)

Gut zu wissen:
Kletterpflanzen mit windenden Trieben halten sich selbst an Pflanzenstützen fest. Gerade wachsende Triebe sollten immer wieder festgebunden werden, je länger sie wachsen.

Für ein schattiges Plätzchen unter Weiden, Jungpflanzen mit biegsamen Trieben setzen und die oberen Enden etwa 15 cm tief in den Boden eingraben.

Hasel-Sträucher

Haselnuss-Sträucher (*Corylus* spp.) sind sehr vielseitige Pflanzen. Im Frühling ziehen ihre Kätzchen Bestäuber an, im Herbst dienen ihre Nüsse vielen Tierarten als Nahrung. In Wildhecken sind sie unverzichtbar (S. 146). In Waldgärten gehören sie zur Strauchschicht.

Statt sie als Nahrungsquelle zu nutzen, kann man ihre jungen Triebe schneiden, solange diese noch weich und biegsam sind, und sie zum Flechten verwenden. Dünne Zweige eignen sich für Haushaltsgegenstände wie Körbe und Tabletts, dickere zum Verweben zwischen Zaunpfählen. Um laufend junge Triebe schneiden zu können, setzt man die Sträucher regelmäßig auf den Stock (S. 88). Stark verzweigte Triebe sind gute Rankhilfen für kletternde Bohnenarten und Duft-Wicken (*Lathyrus odoratus*).

Weiden

Die schnell wachsenden Weiden (*Salix* spp.) bilden einen hervorragenden Sonnenschutz. Sie vertragen feuchte und sogar staunasse Böden. Wie Haselsträucher können sie auf den Stock gesetzt werden und vertragen einen Kopfschnitt (S. 88). Weidentriebe bewurzeln sehr schnell. Statt sie als Pflanzenstützen zu verwenden, kann man »lebende Zäune« aus ihnen gestalten, die schon nach kurzer Zeit Schutz bieten (siehe rechts).

Einen lebenden Zaun anlegen

1. Von Spätherbst bis Vorfrühling 2 m lange Weidentriebe schneiden. Mit einer Metallstange im 45-Grad-Winkel 30 cm tiefe Löcher in den Boden stechen. Der Abstand zwischen den Löchern sollte etwa 45 cm betragen.

2. Die Triebe in die Löcher stecken. Sie kreuzen sich über dem Boden und bilden ein Rautenmuster.

3. Die Triebe verweben und mit einer Schnur an allen Kreuzungspunkten zusammenbinden.
An der oberen Kante einen Trieb waagerecht auflegen und ebenfalls festbinden. Überstehende Triebspitzen darum herum wickeln und festbinden.

Mehrere Etagen in Töpfen gestalten

Auf einer Terrasse oder in einem Innenhof, wo nur wenig Platz ist, können Sie das Prinzip des Waldgartens mithilfe von Töpfen umsetzen. Die Pflanzen können in mehreren Töpfen nebeneinander aufgestellt werden oder zu mehreren in einen großen Kübel gesetzt werden. Große Bäume gedeihen im Kübel nicht. Diese muss man sich aus dem Garten oder von außerhalb »leihen«.

Planen Sie so, dass die Wurzeln der verschiedenen Pflanzen auf alle Erdschichten verteilt sind. Auch Zierpflanzen sind denkbar, denn sie ziehen Bestäuber und andere nützliche Insekten an.

- Bäume und Sträucher haben die tiefsten Wurzeln und nutzen die Nährstoffe am Grund des Pflanzgefäßes.
- Bodendecker wie Erdbeeren und die meisten Kräuter wurzeln in oberen Erdschichten.
- Kleinere Wurzelgemüse wie Rote Bete und Radieschen sitzen direkt unter der Erdoberfläche.

Töpfe in Etagen bepflanzen

In diesem großen Pflanzgefäß wurden zwei verschiedene Gilden gepflanzt. Eine davon ahmt einen Waldgarten nach.
Der Mini-Wald besteht aus:

- einem Apfelbaum als Ministämmchen als Baum-/Strauchschicht,
- einer Stangenbohne, die sich zwischen seinen Zweigen windet,
- Spinat und Erdbeeren als Bodendecker.

Die Gilden für die Bepflanzung von Töpfen wählen Sie nach den gleichen Prinzipien wie für den Garten (S. 116). Auf der rechten Seite der Skizze ist die traditionelle indianische Pflanzkombination aus Zuckermais, Bohnen und Kürbis dargestellt. Sonnenblumen (*Helianthus*) sind zwar eigentlich Zierpflanzen und gehören nicht in diese Kombination. Aber sie ziehen Bestäuber an und liefern im Herbst essbare Samen.

Für die Terrasse oder den Innenhof kann man die Pflanzen in einzelne Töpfe setzen und nebeneinander aufstellen.

Für Etagen geeignete Pflanzen

Für die unteren Etagen sind vor allem schnell wachsende, einjährige Arten geeignet, die schon wenige Wochen nach der Aussaat geerntet werden können.

Bäume

Botanischer Name	Deutscher Name	Gut zu wissen
Ficus carica	Feige	
Malus domestica	Apfel	Als Ministämmchen oder Säule
Morus nigra	Maulbeere	Zwergform
Prunus armeniaca	Aprikose	Klein bleibende Sorten wählen

Sträucher

Botanischer Name	Deutscher Name	Gut zu wissen
Ribes nigrum/ R. sativum	Johannisbeere	
Ribes uva-crispa	Stachelbeere	
Rubus idaeus	Himbeere	
Vaccinium corymbosum	Amerikanische Heidelbeere	Braucht (saure) Moorbeeterde

Kletterpflanzen

Botanischer Name	Deutscher Name	Gut zu wissen
Phaseolus spp.	Bohne	Kletternde Sorten
Tropaeolum	Kapuziner-kresse	Zierpflanze; essbare Blüten

Stauden

Botanischer Name	Deutscher Name	Gut zu wissen
Fragaria spp.	Erdbeere	Walderdbeeren vertragen Schatten.
Mentha spicata	Minze	Verträgt Schatten

Einjährige

Botanischer Name	Deutscher Name	Gut zu wissen
Beta vulgaris	Rote Bete	Ernten, solange sie klein sind
Eruca vesicaria	Wilde Rauke	Verträgt Schatten
Latuca sativa	Salat	Schnittsalate wählen; verträgt Schatten
Lycopersicon esculentum	Tomate	Kompakte/kriechend wachsende Sorten
Phaseolus spp.	Bohne	Buschbohnen-Sorten
Raphanus sativus	Radieschen	Ernten, solange sie klein sind

Tipps für gute Ernte

- Hochwertige Erde mit hohem Nährstoffgehalt verwenden.
- Regelmäßig gießen.
- Mit Flüssigdünger düngen. Für die oberen Schichten ist Blattdüngung sinnvoll.

Wenn möglich, das Gefäß regelmäßig drehen. Die Pflanzen wachsen dann gleichmäßiger. Andernfalls sonnenliebende Arten auf die hellere Seite, schattenverträgliche auf die schattigere Seite pflanzen.

Die Erntemenge verdoppeln

Statt die Arten in Reihen oder in Blöcken im Beet anzubauen, können Sie auch verschiedene Pflanzen dicht nebeneinander setzen. Dies nennt man Mischkultur. Diese Anbauweise ermöglicht es, die Erntemenge pro verfügbarer Fläche zu maximieren. Außerdem werden dadurch Schädlinge und Krankheiten ferngehalten und – in manchen Fällen – die Bodenfruchtbarkeit erhöht.

Auch auf kleiner Fläche kann viel angebaut werden.

Ideen für die Mischkultur

Kombinieren Sie Pflanzen aus den verschiedenen Kategorien miteinander:

Wächst langsam	**Wächst schnell**
Kopfkohl Blumenkohl Rosenkohl Rübe	Salat Mairübe Radieschen Rote Bete
Wird hoch	**Bleibt niedrig**
Tomate Zuckermais Stangenbohne	Salat Radieschen Zwiebel Rote Bete
Braucht Sonne	**Verträgt Schatten**
Tomate Zuckermais Stangenbohne	Minze Walderdbeere Rauke

Tipps für die Mischkultur

- Kombinieren Sie Pflanzen mit ähnlichem Wasserbedarf. Das erspart Arbeit beim Gießen.
- Wählen Sie Pflanzen mit unterschiedlichem Wurzelsystem. Sie konkurrieren dann nicht um die vorhandenen Nährstoffe. Setzen Sie Pflanzen mit tief reichenden Pfahlwurzeln, z. B. Rüben und Möhren, neben Flachwurzler.
- Bedenken Sie, welche Wirkung eine Pflanze auf die andere in Bezug auf das Sonnenlicht hat. Nutzen Sie den Schatten von großen Pflanzen, um dort Salat und Blattgemüse anzubauen.
- Kombinieren Sie Pflanzen, die unterschiedlich rasch wachsen. Schnell wachsende Salate können zwischen langsamer wachsenden Pflanzen gedeihen oder zwischen frisch gepflanzten Beerensträuchern, die erst in ein paar Jahren ihre volle Größe erreichen.
- Pflanzen Sie Arten derselben Familie nicht zusammen. Kartoffeln und Auberginen zum Beispiel gehören beide zu den Nachtschattengewächsen (Solanaceae). Sie ziehen dieselben Schädlinge an und sind für dieselben Krankheiten anfällig. Außerdem konkurrieren sie um Nährstoffe im Boden.

Zier- und Nutzpflanzen zu kombinieren kann viele Vorteile haben.

Essbare Pflanzen mit Zierwert

Botanischer Name	Deutscher Name	Gut zu wissen
Allium schoenoprasum	Schnittlauch	Für Beeteinfassungen geeignet; Blätter und Blüten essbar; hält Schädlinge fern
Brassica oleracea	Kopfkohl	Sorten mit dunklem oder gekräuseltem Laub
Brassica oleracea	Grünkohl	Gekräuseltes Laub
Cynara scolymus	Artischocke	Eindrucksvolle Pflanze; gut im Hintergrund von Beeten
Fragaria × *ananassa*	Erdbeere	Für Beeteinfassungen geeignet; in Töpfen, Balkonkästen und Hängetaschen
Lactuca	Salat	Sorten mit dunklem oder gewelltem Laub; wächst in Töpfen, Balkonkästen und Hängetaschen
Lavandula spp.	Lavendel	Für Beeteinfassungen geeignet; essbare Blätter und Blüten; hält Schädlinge fern
*Vaccinium corymbosum**	Amerikanische Heidelbeere	Schöne Blüte im Frühling und Blattfärbung im Herbst

* braucht sauren Boden

Den Boden beleben

Diese Pflanzen machen ihre Beetnachbarn kräftiger und gesünder:

- **Leguminosen**, also Hülsenfrüchte wie Erbsen und Bohnen, sammeln Stickstoff aus der Luft und geben ihn über die Wurzeln an den Boden ab, oder indem man sie nach der Ernte kompostiert.
- **Akkumulatorpflanzen** (wie Beinwell) reichern bestimmte Nährstoffe aus dem Unterboden an. Indem man sie kompostiert, gelangen die Substanzen in den Oberboden.
- **Gründüngungspflanzen** beleben den Boden laufend, da sie Stickstoff binden (S. 86).

Kräuter

Viele Küchenkräuter haben sehr aromatische Blätter, deren Duft Schadinsekten fernhält. (s. »Beetpartner« S. 194). Nutzen Sie diesen Umstand als Teil Ihrer Strategie, Schädlinge fernzuhalten.

Der Ziergarten

Ein Garten ist mehr als ein Arbeitsplatz und sollte neben dem Nutzgarten immer auch Bereiche mit Zierpflanzen haben. Es gibt keinen Grund, warum Sie Gemüse nicht im Staudenbeet anbauen sollten oder Zierpflanzen im Nutzgarten. Viele Gemüsearten sind so attraktiv, dass sie gut neben Zierpflanzen stehen können. Dann liefert auch der Ziergarten Nahrung. Blühpflanzen im Nutzgarten ziehen Bestäuber an und tragen zur Artenvielfalt bei.

Essbare Wildpflanzen

Neben dem, was Sie im Garten zum Ernten anbauen, können Sie auch in der freien Natur essbare Pflanzen entdecken. Manche davon sind sogar in der Stadt zu finden.

Ein Teil dieser essbaren Wildpflanzen sind Vorfahren der Obst- und Gemüsearten, die wir heute im Garten anbauen. Sie sind robust und durchsetzungsstark, säen sich selbst aus und können unter unwirtlichen Bedingungen gedeihen. Pflanzen, die an den Rändern stark befahrener Straßen wachsen, sollte man besser nicht ernten, da sie mit Schadstoffen belastet sind.

Wenn Sie in der freien Natur ernten, pflücken Sie immer nur so viel, wie Sie benötigen. Graben Sie keine Pflanzen aus.

Bärlauch, *Allium ursinum*
Pflanzentyp: Zwiebelpflanze
Lebensraum: Laubwälder, Straßenränder
Verwendeter Teil: junge Blätter
Erntezeit: Anfang Frühling

Sogar die Zwiebeln sind essbar, sie sollten jedoch nicht ausgegraben werden. Junge Blätter zu Beginn des Frühlings pflücken. Der Geschmack erinnert an Knoblauch. Doch er wird bitter, sobald die Pflanzen Blüten ansetzen. Im Sommer können Samen gesammelt und daraus Pflanzen für den eigenen Garten gezogen werden. Am besten zwischen die Gehölze im Waldgarten setzen. Fein geschnitten auf Speisen streuen.

Vogelmiere, *Stellaria media*
Pflanzentyp: Einjährige
Lebensraum: freie Flächen; bewirtschaftete Beete
Verwendeter Teil: Blätter/Blüten
Erntezeit: Frühling und Sommer

Ein weitverbreitetes Unkraut, das sich in Gärten stark vermehrt. Die Blätter schmecken mild und enthalten viele Vitamine und Mineralien. Sie werden roh in Salaten, Suppen oder auf Sandwiches verwendet.

Meerkohl, *Crambe maritima*
Pflanzentyp: Staude
Lebensraum: Küstenregionen und Strände
Verwendeter Teil: junge Blätter, Stängel und Keimlinge
Erntezeit: Frühling

Die jungen Blätter können roh oder angedünstet verzehrt werden. Ihr Geschmack erinnert an Kohl. Junge Blütenstiele werden wie Winter-Brokkoli zubereitet. Sie enthalten viel Vitamin C. (Wird Meerkohl im Garten angebaut, kann man im Winter die Wurzeln ausgraben und kochen. Sie enthalten viel Stärke und schmecken süßlich.)

Brombeere, *Rubus* Sect. *Rubus*
Pflanzentyp: laubabwerfender Strauch
Lebensraum: Hecken, Wegränder, Unterholz
Verwendeter Teil: Beeren
Erntezeit: Spätsommer bis Anfang Herbst

Brombeeren kommen meist in ländlicheren Regionen vor, sind aber gelegentlich auch in bebauten Gebieten zu finden. Die Beeren werden roh gegessen oder in Apfelkuchen oder Crumbles verwendet. Man kann aus ihnen auch Marmelade oder Gelee kochen. (Dann einige unreife Früchte dazugeben, da sie das natürliche Geliermittel Pektin enthalten). Am süßesten sind große, vollreife Beeren.

Schlehe, Pflaume, Zwetschge, *Prunus spinosa, P. domestica* & Hybriden
Pflanzentyp: laubabwerfender Baum
Lebensraum: Hecken und Straßenränder; freie Flächen
Verwendeter Teil: Früchte
Erntezeit: Spätsommer bis Ende Herbst

Die Schlehe ist eine weitverbreitete Heckenpflanze, die sich oft mit Gartenpflaumen kreuzt, sodass Sämlinge mit größeren Früchten entstehen. Große Früchte zum Entkernen kochen und pürieren. Schlehen haben große Kerne, roh schmecken sie herb. Verwenden Sie sie für Gelees oder um Gin und anderen klaren Spirituosen Geschmack zu verleihen. Am besten schmecken sie nach dem ersten Frost.

Holunder, *Sambucus nigra*
Pflanzentyp: laubabwerfender Baum
Lebensraum: Hecken und Straßenränder; freie Flächen
Verwendeter Teil: Blüten/Früchte
Erntezeit: Frühsommer/Herbst

Holunderblüten duften süß. Man stellt Sirup für Getränke aus ihnen her. Die schwarzen Früchte eignen sich für Gelees oder Fruchtweine.

Rose, *Rosa* spp.
Pflanzentyp: laubabwerfender Strauch
Lebensraum: Hecken und Straßenränder; freie Flächen
Verwendeter Teil: Früchte (Hagebutten)
Erntezeit: Herbst

Hagebutten sind meistens tiefrot, wenn sie reif sind. Sie enthalten viel Vitamin C und eignen sich hervorragend zum Herstellen von Gelees. Am besten schmecken sie nach dem ersten Frost.

Essbare Pilze

! Viele Pilze sind giftig. Es ist also wichtig, sie genau zu bestimmen. Fruchtkörper bilden sie zu unterschiedlichen Jahreszeiten.

Schopf-Tintling
Coprinus comatus
Lebensraum: Wiesen; frisch bearbeitete Böden
Erntezeit: Spätsommer bis Herbst

Ein fingerförmiger, weißer Pilz. Er sollte nach dem Sammeln so schnell wie möglich verzehrt werden. Die Kappen geben eine schwarze Flüssigkeit ab, daher der Name.

Sommer-Trüffel
Tuber aestivum
Lebensraum: unterirdisch, in der Nähe von Buchen
Erntezeit: Spätsommer bis Herbst

Ein sehr seltener und beliebter Pilz. Ungleichmäßig kugelförmig, mit warziger, schwarzbrauner Oberfläche. Sehr besonderer, nussiger Geschmack.

Flaschen-Stäubling
Lycoperdon perlatum
Lebensraum: Laubwälder und Weideflächen
Erntezeit: Spätsommer bis Herbst

Ein verbreiteter Pilz mit kugeligem, weißen Fruchtkörper. Wird zum Kochen in Scheiben geschnitten. Das Fleisch sollte durchgehend fest sein, Scheiben mit schwammigem Gewebe schmecken nicht so gut.

Lilastiel-Rötelritterling

Clitocybe saeva, syn. *Lepista saeva*
Lebensraum: Wiesen und Weideflächen
Erntezeit: Herbst bis Mitte Winter

Grau-brauner Pilz mit auffällig lila gefärbten Stielen. Wächst in Ringen oder Gruppen. Ideal als Wintervorrat.

Mit Schädlingen umgehen

Ist er eingewachsen, ist ein Permakultur-Garten ein voll entwickeltes Ökosystem, in dem viele Lebensformen friedlich zusammenleben. Treten Schädlinge auf, werden sie von nützlichen Gegenspielern in Schach gehalten, denen sie als Nahrung dienen. Der Schaden, den sie anrichten, ist minimal und tolerierbar.

Trotzdem gibt es verschiedene Lebewesen, die erheblichen Schaden an Nutz- und anderen Pflanzen anrichten können. Um die Ernte nicht zu gefährden, ist es manchmal notwendig, sie abzuschrecken.

Freund oder Feind?

Es ist nicht immer klar, wer Schädling oder Nützling ist.

- Vögel sind meistens nützlich, da sie Schnecken und Insekten fressen und mit ihrem Kot den Boden düngen. Sie fressen jedoch auch gern die Ernte, vor allem Beeren. Was Sie tun können, um den Schaden kleinzuhalten, steht auf S. 196.
- Schnecken werden im Allgemeinen als Schädlinge betrachtet, da sie die weichen Teile vieler Gartenpflanzen fressen. Sie helfen aber auch, den Garten im Herbst zu säubern, indem sie Pflanzenreste fressen, die Schadpilzen als Wirte dienen können. Effektive Bekämpfungsmethoden finden Sie auf der gegenüberliegenden Seite.
- Einige Insekten können im Larvenstadium schädlich sein, zum Beispiel wenn Raupen Blattgemüse anknabbern. Als ausgewachsene Insekten, die Pflanzen bestäuben, sind sie dann aber sehr nützlich.

Da sie Teil der Nahrungskette sind, werden »Schädlinge« bei der Permakultur nicht vergiftet oder vollständig bekämpft. Stattdessen lockt man nützliche Insekten wie Marienkäfer an, die Blattläuse fressen und die Schädlingspopulation in Schach halten. Physische Barrieren sind meist der beste Weg, Schädlinge von den Gartenpflanzen fernzuhalten.

Säugetiere

Wildtiere wie Ratten, Kaninchen, Dachse und Rehe können ernsthaften Schaden anrichten. Zäune oder stabile Netze halten sie von Pflanzen fern.
Was Sie tun können:

- Gegen Kleinsäuger einen mindestens 1 m hohen Zaun aufstellen.
- Als Schutz vor Wild muss der Zaun mindestens 2 m hoch sein.

Möhrenfliege

Möhren werden oft von der Möhrenfliege (*Psila rosae*) befallen, deren Larven an den Wurzeln fressen. Die adulten Tiere fliegen nicht hoch, eine physische Barriere kann sie abhalten, ihre Eier auf die Pflanzen zu legen.
Was Sie tun können:

- Eine undurchlässige, halb durchsichtige und mindestens 60 cm hohe Abgrenzung um die Pflanzen bauen.
- Pflanzen mit einem Gemüsenetz abdecken.

Ohrwürmer

Ohrwürmer vergehen sich im Sommer an den verschiedensten Pflanzen. Sie fressen meist an den Blüten, aber auch an Früchten von Aprikosen, Erdbeeren, Himbeeren und Brombeeren.
Was Sie tun können:

- Einen 18-cm-Blumentopf mit Stroh füllen und umgekehrt auf einen Stock oder Bambusstab spießen. Den Topf neben gefährdeten Pflanzen aufstellen.
- Nachts verstecken sich die Ohrwürmer darin.
- Morgens bringt man den Topf zu einem anderen Teil des Gartens, in dem die Tiere weniger Schaden anrichten, und lässt sie dort frei.

Schnecken in Schach halten

Schnecken richten im Garten wohl den meisten Schaden an. Häufig findet man sie an Salat oder anderen Pflanzen mit weichen Blättern. Auch Jungpflanzen und Keimlinge stehen auf ihrem Speiseplan.

Klassischerweise vertrauen Gärtner auf Giftköder, um Schnecken zu töten. Dabei sind die Tiere Teil der Nahrungskette. Vögel, Frösche und Kröten sowie Kleinsäuger fressen Schnecken. Diese natürlichen Feinde sind also auch betroffen, wenn Schnecken vergiftet werden. Besser ist es, die Gegenspieler in den Garten zu locken, indem man ein artenreiches Ökosystem schafft. Schnecken zu töten, ob mit Giftködern oder Fallen, ist nicht gewünscht und nicht notwendig. Stattdessen kann man sie mit folgenden Mitteln von empfindlichen Pflanzen fernhalten.

Kupfer

Schnecken werden durch Kupfer abgeschreckt. Um sie von empfindlichen Topfpflanzen fernzuhalten, klebt man kurz unter dem oberen Rand einen Streifen Kupfer um das Gefäß. Man kann das Kupfer auch auf Kragen aus zerschnittenen Plastikflaschen kleben und diese über junge Pflanzen stülpen.

Schafwolle

Schafwolle ist sehr effektiv zur Abwehr von Schnecken. Auf der flauschigen Fläche kommen sie nicht vorwärts und verschonen deshalb Pflanzen, die von der Wolle umgeben sind. Legen Sie die Wolle in großen Stücken um empfindliche Pflanzen. Das Naturmaterial ist gleichzeitig Mulchschicht. Sie zersetzt sich mit der Zeit und düngt den Boden.

Kaum eine Nutzpflanze wird nicht von Schnecken angefressen.

Wollpellets

Ist Schafwolle nicht in ausreichenden Mengen verfügbar, können stattdessen Wollpellets (ein Abfallprodukt der Wollindustrie) verwendet werden. Streuen Sie diese in einer dicken Schicht um die Pflanzen. Sobald sie nass werden, bilden sie eine flauschige Matte.

Kaffeesatz

Mulch aus Kaffeesatz hält Schnecken ebenfalls fern. Sie mögen den Geruch nicht. Für den besten Erfolg muss der Kaffeesatz ständig nachgeliefert werden. Diese Methode sollte jedoch nicht zu oft angewendet werden. Bei Jungpflanzen hemmt zu viel Kaffeesatz das Wurzelwachstum. Außerdem wirkt sich das Koffein nachteilig auf die Vermehrung nützlicher Bodenorganismen aus.

Wasser

Wasser ist eine effektive Schneckenbarriere. Stellen Sie empfindliche Topfpflanzen in wassergefüllte Untersetzer, die etwa 5–10 cm breiter sind als der Topf.

Mit Beetpartnern Nützlinge anlocken

Mit Beetpartnern zu gärtnern, auch Mischkultur genannt, ist einer der Eckpfeiler der Permakultur. Diese Arbeitsweise ist der genaue Gegensatz zur Monokultur, wo, wie in der modernen Landwirtschaft, auf einer großen Fläche nur eine Kultur angebaut wird.

Was sind Beetpartner?

Beim Gärtnern mit Beetpartnern werden zwei (oder mehr) verschiedene Pflanzen direkt nebeneinander gesetzt. Wie beim Pflanzen in Gilden (S. 116) ist jede Pflanze für die andere nützlich und stellt eine effektive Art der Schädlingsbekämpfung dar. Meistens wird eine Zierpflanze gewählt, deren Blüten Insekten anlocken, die potenzielle Schädlinge der benachbarten Nutzpflanze in Schach halten.

Mit Beetpartnern gegen Schädlinge

Pflanzen, die Nützlinge anziehen

Schwebfliegen, die sich von Blattläusen ernähren, werden von den Blüten zu den gefährdeten Pflanzen gelockt. Um Tomaten, Kartoffeln, Paprika, Auberginen und andere Kulturen zu schützen, eignen sich *Tagetes*. Am effektivsten sind Sorten mit ungefüllten Blüten.

Pflanzen, die Schädlinge fernhalten

Einige Pflanzen enthalten Substanzen, die Schädlinge fernhalten, oder sie verströmen einen starken Duft, sodass diese sich nicht mehr orientieren können. Man pflanzt sie neben oder zwischen gefährdete Kulturen. Dank der sehr aromatischen Blätter sind Zwiebelgewächse (*Allium*) und Minze (*Mentha*) sehr effektiv.

Pflanzen, die Schädlinge anziehen, sodass diese die Nachbarpflanzen ignorieren

Einige Unkräuter sind dafür bekannt, Schädlinge anzuziehen. Wenn Sie einen Teil des Gartens verwildern lassen, verschonen die Schädlinge Ihren Nutzgarten. Brennnesseln und Beinwell sind sehr gut geeignet, um die Ränder des Nutzgartens mit ihnen zu bepflanzen.

Die Blätter und Blüten des Mutterkrauts (*Tanacetum parthenium*) duften so stark, dass sie viele Insekten fernhalten, unter anderem Blattläuse.

Andere Arten von Beetnachbarn

N Pflanzen, die Stickstoff im Boden fixieren, sodass er für andere Pflanzen verfügbar ist

Die meisten Gründüngungspflanzen sind Stickstofffixierer. Sie werden auf Flächen gesät, wo als Nächstes Pflanzen mit hohem Stickstoffbedarf angebaut werden sollen. Dazu gehören alle Kohlsorten und andere Gemüsearten. Sie können sie aber auch unter Sträuchern anbauen, die regelmäßig auf den Stock gesetzt werden (S. 88).

Pflanzen, die Schatten liefern, den andere Pflanzen brauchen

Diese Anbaumethode gehört zum Waldgarten (S. 114), kann aber auch in kleinerem Rahmen umgesetzt werden. Pflanzen Sie eine Reihe Stangenbohnen an einen sonnigen Platz und nutzen Sie deren Schattenseite zum Anbau von Salat oder Rauke.

Winterroggen

Allelopathie

Manche Pflanzen hemmen den Wuchs anderer, indem sie bestimmte chemische Stoffe an ihre Umgebung abgeben. Das kann über die Wurzeln oder andere Pflanzenteile geschehen. Die Stoffe verhindern, dass sich konkurrierende Pflanzen entwickeln. Sie dienen als natürlicher Unkrautvernichter.

Winterroggen

Roggen ist eine gute, winterharte Gründüngungspflanze, da er Substanzen absondert, die die Keimung von Unkrautsamen im Frühling hemmen.

Walnuss

Die Walnuss (*Juglans regia*) gibt Juglon ab, das das Wachstum von anderen Pflanzen einschränkt. Äpfel und Tomaten sind besonders betroffen und sollten nicht in ihre Nähe gepflanzt werden.

Walnussbaum

Vögel als Schädlinge

Die meisten Gärtner haben zu Vögeln ein zwiespältiges Verhältnis. Einerseits ernähren sie sich von Gartenschädlingen. Doch andererseits fressen sie auch Früchte, vor allem in Zeiten, wenn andere Nahrungsquellen knapp sind.

Bei der Permakultur sind Vögel willkommen, und die große Pflanzenvielfalt wird die meisten ihrer Bedürfnisse erfüllen. Für einzelne Pflanzen(teile) kann es sinnvoll sein, sie vor Vögeln zu schützen.

- Knospen an Obstbäumen und Beerensträuchern
- Beerenobst
- Kohlgemüse, junger Salat

Vögel abschrecken

Glänzende Objekte, die Licht reflektieren oder im Wind rasseln, können Vögel fernhalten. Bringen Sie sie nahe den Pflanzen an, indem Sie sie an eine Stange hängen oder auf einen Zaunpfahl stecken.

Aus Haushaltsmüll können Sie einfache Vogelscheuchen herstellen:

- Alte CDs und DVDs
- Leere, durchsichtige Plastikflaschen
- Leere Konservendosen
- Aluminiumschalen

Oben: Konservendosen reflektieren Licht, auch wenn sie schon angerostet sind.
Rechts: Stülpen Sie Plastikflaschen auf Stangen.

Netze

Kohl und andere Gemüsearten mit großen Blättern werden oft von Vögeln angepickt. Decken Sie sie zum Schutz mit Gartenvlies oder einem Gemüsenetz ab. Beschweren Sie die Ränder mit Steinen, damit es nicht weggeweht wird. Das Gewebe lässt Regenwasser durch und schützt die Pflanzen vor starker Sonneneinstrahlung.

! Wählen Sie Netze mit feinen Maschen. Bei größeren Maschen kann es vorkommen, dass sich Vögel darin verfangen.

Ein Netz über den Erdbeeren verhindert, dass Vögel zwischen Blüten und Früchten auf Nahrungssuche gehen.

Obstkäfige

Wenn Sie viele Beeren kultivieren, kann es sinnvoll sein, einen Obstkäfig mit Tür anzuschaffen.

Hunde & Katzen

Abgesehen davon, dass sie beliebte Haustiere sind, können Hunde und Katzen auch Vögel in Schach halten. Diese ergreifen im Normalfall die Flucht, wenn sie die Anwesenheit eines Jägers spüren.

Hunde

Je nach Rasse können Hunde effektive Jäger sein. Sie fangen Vögel im Normalfall nicht, scheuchen sie aber von den Pflanzen weg. Und sie verjagen Nagetiere.

Katzen

Katzen jagen und töten instinktiv. Dadurch sind sie sehr effektiv, was das Verscheuchen von Vögeln angeht, können aber auch für unangenehme Situationen sorgen. Ein Glöckchen am Halsband kann die Jagdchancen verringern. Katzen fangen Mäuse (seltener auch Ratten), die im Garten Ärger machen, aber auch harmlose Kleintiere und Frösche.

Gut zu wissen: Tierkot kann in einem Thermokomposter entsorgt werden (S. 76).

Mit Unkräutern umgehen

Eine Pflanze wird zum Unkraut, wenn sie am falschen Platz wächst. In einigen Teilen des Permakultur-Systems, wie in Waldbereichen oder in manchen Randzonen, sollten sich Unkräuter ausbreiten dürfen. Ihre Blüten locken verschiedene Insektenarten an, und die Pflanzen bieten Nützlingen Unterschlupf. Aus vielen Arten lassen sich nährstoffreiche Dünger herstellen. In einem gesteuerten Ökosystem spielen Unkräuter eine wichtige Rolle.

Was die meisten Unkräuter so erfolgreich macht, ist ihre Fähigkeit, zwei oder mehr Generationen pro Jahr auszubilden. Sie sind sehr anpassungsfähig. Viele wachsen sowohl in der Sonne als auch im Schatten, oft sogar auf schlechten Böden. Diese Flexibilität ermöglicht es ihnen, sehr schnell Flächen einzunehmen.

Beim Gärtnern konkurrieren Unkräuter mit den Nutzpflanzen. Diese werden geschwächt und damit anfällig für Krankheiten. Doch statt mit Unkrautvernichtungsmitteln sollte man Unkräuter auf andere Art im Zaum halten.

Die Keimung verhindern:

Beim Wenden des Bodens gelangen Unkrautsamen ans Sonnenlicht. Dieses bricht die Keimruhe. Bei der Permakultur versucht man daher, den Boden so wenig wie möglich zu bearbeiten und ihn stattdessen mit anderen Methoden zu pflegen.

Einjährige Unkräuter

Sie keimen hauptsächlich im Frühling, manchmal aber auch zu anderen Jahreszeiten. Als Sämlinge können sie leicht gejätet werden. Lässt man sie auf dem Boden liegen, sterben sie ab. Ältere Pflanzen können kompostiert werden. Haben sie bereits Samen angesetzt, gibt man sie möglichst in den Thermokomposter (S. 76).

Bei einjährigen Unkräutern kommt die Hacke zum Einsatz.

Ausdauernde Unkräuter

Diese Pflanzen breiten sich manchmal sowohl mit Samen als auch mit einem weitreichenden Wurzelsystem aus. Sie bilden dann einen undurchdringlichen Teppich.

Ausdauernde Unkräuter sollten Sie ausgraben und möglichst viel Erde von den Wurzeln abschütteln. In ihr stecken zahlreiche nützliche Mikroorganismen. Geben Sie die Unkräuter in den Thermokomposter (S. 76) oder weichen Sie sie in Wasser ein, bis sie sich zersetzen, und geben Sie sie dann auf den Kompost (S. 79).

Bei der Permakultur werden Unkräuter immer von Hand entfernt.

Verholzende Unkräuter

In späteren Entwicklungsstadien wachsen auf brach liegenden Flächen verholzende Pflanzen wie Holunder (*Sambucus nigra*), die sich über Samen verbreiten, und Brombeeren (*Rubus fruticosus*), die große Freiflächen mit langen Trieben bedecken, an denen sich Wurzeln bilden, sobald sie den Boden berühren.

Schneiden Sie die Pflanzen so weit wie möglich zurück. Weiche Pflanzenteile können klein geschnitten und kompostiert werden, festere werden geschreddert oder in einem Hügelbeet (S. 66) verwendet.

Lässt der Stumpf sich nicht ausgraben, kann er im Boden bleiben. Neue Triebe reißt man aus oder entfernt sie mit einer Gartenschere. Irgendwann stirbt der Stumpf ab und Bodenpilze zersetzen die Wurzeln.

Frische Triebe von verholzenden Unkräutern sollten entfernt werden.

Unkräuter als Nutzpflanzen

Einige Unkräuter sind sehr nützliche Gartenpflanzen.

Beinwell
Symphytum officinale
Wächst als dichter Teppich, der weniger nützliche Unkräuter an der Keimung hindert; gut für den Kompost und zur Herstellung von Flüssigdünger.

Brennnessel
Urtica dioica
Zieht Insekten an und bietet ihnen Schutz; gekocht essbar.

Breitwegerich
Plantago major
Kann geerntet werden, um die nützlichen Pilze an seinen Wurzeln zu gewinnen.

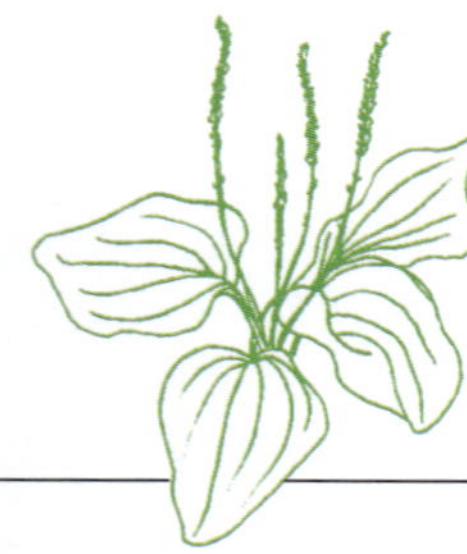

Auch wenn Unkräuter sich unerwünscht stark ausbreiten: Ihre Blüten locken Bestäuber und Nützlinge in den Garten.

Guerrilla Gardening

Als Guerrilla-Gärtnern bezeichnet man das Anbauen von Pflanzen an Orten, die dafür nicht vorgesehen sind. Die meist öffentlichen Flächen werden heimlich von Permakultur-Gärtnern zurückerobert. Sie bauen dort Pflanzen an, die für ihre Umgebung nützlich sind. Gleichzeitig werden auf diese Art brach liegende Flächen wieder artenreich.

Das Guerrilla-Gärtnern ist eine gute Möglichkeit, restliches Saatgut und Jungpflanzen zu nutzen. Da die meisten essbaren Pflanzen etwas Pflege benötigen, sind Zierpflanzen eine gute Wahl. Sie bieten Nahrung für bestäubende Insekten, die dann Gärten in der Nachbarschaft besuchen.

Gemeinsam Gärtnern

Oft bilden sich informelle Gruppen, um gemeinsam eine Brachfläche zu bewirtschaften und gemeinsam zu ernten. Über soziale Medien kann man Projekte in der eigenen Stadt finden oder eine eigene Gruppe ins Leben rufen. Viele Kommunen lassen Guerrilla-Gärtner gewähren.

Geeignete Flächen

- Brachflächen
- Uferbereiche von Flüssen oder Kanälen
- Baumscheiben von Straßenbäumen
- (verlassene) Nachbargärten
- öffentliche Flächen
- Verkehrsinseln

Bitte bedenken:

Vor dem Ernten sollten Sie die Fläche auf Hundekot kontrollieren. Pflanzen, die an Straßenrändern wachsen, sind meist mit Schadstoffen belastet.

1

3

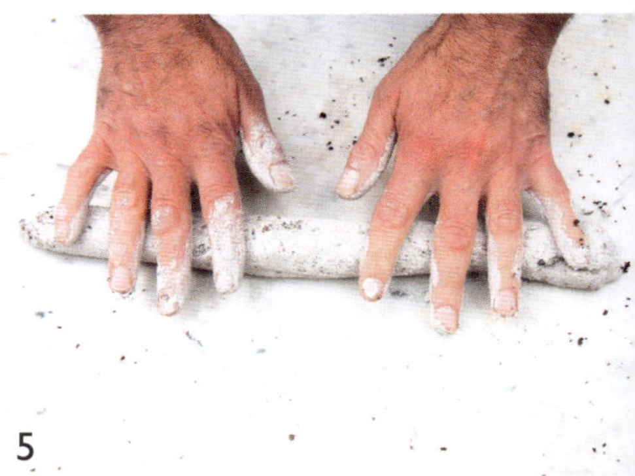

5

7

2

4

6

8

Samenbomben herstellen

Samenbomben sind eine einfache Möglichkeit, Saatgut an schwer zugängliche Plätze zu bringen. Die Hülle aus Ton schützt die Samen vor Vögeln, außerdem nimmt sie Feuchtigkeit auf, die die Samen für die Keimung nutzen. Die Hülle zersetzt sich nach einer Weile und die Keimlinge wurzeln durch den Ton in den Boden.

1. Eine faustgroße Menge Ton zu einem Rechteck formen und flach drücken.

2. Eine Schicht Blumenerde daraufgeben.

3. Die Samen (eine Art oder eine Mischung) darauf verteilen. Gut geeignet sind Wildblumensamen für Frühlings- oder Sommerwiesen.

4. Den Ton so lange mit den Händen kneten, bis alle Zutaten gleichmäßig verteilt sind.

5. Die Masse zu einer Wurst rollen.

6. Mit einem scharfen Messer in etwa 2,5 cm lange Stücke verteilen.

7. Jedes Stück zu einer Kugel formen.

8. Die Samenbomben auf ein Tablett legen und trocknen lassen, bis sie hart sind.

Die fertigen Samenbomben an die Plätze werfen, an denen die Blumen wachsen sollen.

Gut zu wissen:
Verwenden Sie möglichst keine Samen von invasiven Arten.

Glossar

Die folgenden Begriffe werden in der Permakultur, aber auch sonst beim Gärtnern verwendet. Wörter in **fetter Schrift** zeigen an, dass dieser Begriff einen eigenen Eintrag hat.

Abhärten Gewöhnen von Pflanzen, die im Haus vorgezogen wurden, an die Bedingungen im Freien. Dabei werden die Pflanzen über mehrere Wochen im Frühling immer länger nach draußen gestellt, bevor sie schließlich an den für sie vorgesehenen Ort gepflanzt werden.

Akkumulator Pflanze, die Substanzen mit den Wurzeln aus dem Boden aufnimmt und in ihren Blättern speichert.

Allelopathie Eigenschaft von Pflanzen, über Wurzeln, Triebe, Blätter oder Rinde chemische Stoffe abzugeben, die das Wachstum von Pflanzen in der Nähe hemmen, um sich so vor Konkurrenten zu schützen.

Auf den Stock setzen (Coppicing) Regelmäßiges Zurückschneiden aller Triebe eines Strauches bis kurz über dem Boden (oder dem Stamm), um die Bildung von biegsamen Ästen zu fördern, die als Pflanzstützen oder zum Flechten verwendet werden sollen. Siehe auch **Kopfschnitt**.

Aufwandsliste Zum Sortieren der Fakten, wie aufwendig oder einfach Veränderungen sind.

Ausdauernde Pflanze Pflanze, die nicht verholzt und drei oder mehr Jahre lebt.

Auswaschung Verlust von Nährstoffen aus dem Boden durch Wasser, das in tiefere Schichten fließt.

Beetpartner Kombinieren von zwei (manchmal auch mehr) Pflanzenarten in direkter Nachbarschaft mit dem Ziel, dass sie sich gegenseitig fördern, indem sie Schädlinge fernhalten oder Nützlinge anlocken.

Bestäuber Überträger von Pollen von einer Blüte auf die Staubgefäße einer anderen, sodass **Bestäubung** stattfinden kann; meist Insekten oder andere Wirbellose sowie Vögel; auch Wind und Regen können als Bestäuber fungieren; auch Obstbäume, die andere befruchten, werden so genannt.

Bestäubung Übertragung von Pollen von einer Blüte auf die Staubgefäße einer anderen; notwendig zur Bildung von Früchten und Samen.

Blumenerde Wachstumsmedium für Topf- und Kübelpflanzen. Wird üblicherweise in Gartencentern, Gärtnereien oder Baumärkten in Säcken verkauft.

Bodenhorizonte Bodenschichten; sie können durch das Ausheben ungestörter Böden unsichtbar gemacht werden.

Brache Unbedeckter Boden, entsteht nach dem Unkrauthacken oder nach der Ernte.

Brassica Wichtige Gattung nahrhafter Gemüsearten wie Kohlarten, Winter-Brokkoli und Rüben.

Dünger Mischung oder Einzelprodukt, das genutzt wird, um das Pflanzenwachstum anzuregen. Bei den meisten organischen Düngern ist es schwierig, die genaue Nährstoffmenge zu bestimmen.

Einjährige Pflanze, die alle Entwicklungsstadien von der Keimung bis zum Absterben innerhalb eines Kalenderjahres durchläuft. Einige nicht winterharte **ausdauernde Pflanzen** haben in kalten Regionen einen einjährigen Entwicklungszyklus.

Einteilung in Zonen Gestaltungsprinzip der Permakultur, bei dem die Bereiche, die am intensivsten bewirtschaftet werden, möglichst nah am Haus angelegt werden und weniger intensive auf den Flächen dahinter.

Fotosynthese Prozess, bei dem Pflanzen aus Sonnenlicht, Kohlendioxid und Wasser Energie für ihr eigenes Wachstum herstellen.

Frostsenke Senke oder Loch, in dem sich kalte Luft sammelt.

Frühbeet Konstruktion aus Ziegelsteinen, Holz oder Glas mit einem Deckel, der sich öffnen lässt. In ihm sind Jungpflanzen vor Frost geschützt.

Gießrand Niedriger, ringförmiger Erdwall um einen Baum oder Strauch, in dem sich Wasser sammelt und an die Wurzeln gelangt.

Gilde Kombination von Pflanzen, die zueinander passen oder sich sogar gegenseitig unterstützen.

Gründüngung Schnell wachsende Kulturen, die nicht zur Ernte angebaut werden, sondern zum Einarbeiten in den Boden und damit zum Erhöhen der Bodenfruchtbarkeit.

Humus Zersetztes organisches Material im Boden. Je höher der Humusgehalt, desto fruchtbarer und produktiver ist der Boden.

Immergrüne Pflanzen, die den Großteil ihrer Blätter den Winter über behalten. (Immergrüne werfen altes Laub schubweise während des Jahres ab.)

Keimung Sichtbarwerden und Wachsen eines Pflanzenembryos aus einem Samen.

Kleinklima Herrschendes **Klima** in einem geschützten Gartenteil, das sich vom Klima der Umgebung unterscheidet.

Klima Allgemeine Beschreibung der Wetterbedingungen in einer bestimmten geografischen Region.

Kopfschnitt Art des Gehölzschnitts, bei der regelmäßig alle Seitentriebe eines Baums bis zum Haupttrieb zurückgeschnitten werden, um die Bildung von biegsamen Ästen zu fördern, die als Pflanzstützen oder zum Flechten verwendet werden sollen. Siehe auch **Auf den Stock setzen.**

Kompost Material, das durch Aufschichten und Verrotten von Pflanzenresten und anderen organischen Materialien entsteht.

Kompostwurm *(Eisenia fetida)* Rötliche Bodenwurm-Art, an das Leben in zersetzendem organischen Material angepasst. Wandelt Pflanzenteile in **krümeligen**, nährstoffreichen **Kompost.**

Krümelig Beschreibung von Böden mit feiner, durchlässiger Struktur. Diese Böden sind fruchtbar und feucht.

Lage Die Ausrichtung einer Fläche, vor allem hinsichtlich Sonne und Schatten bzw. geschützten und offenen Bereichen.

Laubabwerfend Eigenschaft von Pflanzen, ihre Blätter über den Winter abzuwerfen.

Lee Die windgeschützte Seite einer Mauer, eines Zauns oder einer Hecke.

Leguminose Pflanzen der Familie Fabaceae (oder Leguminosae). Dazu gehören Hülsenfrüchte wie Erbse, Bohne und Erdnuss, aber auch Zierpflanzen wie Duft-Wicken (*Lathyrus odoratus*) und Robinien.

Mischkultur System, bei dem schnell wachsende zwischen langsamer wachsende Pflanzen gesetzt werden, um die vorhandene Fläche bestmöglich auszunutzen.

Mulch und Mulchen Schichtweises Bedecken des Bodens mit verschiedenen Materialien. Mulch kann organisch oder anorganisch sein. Organische Mulchmaterialien zersetzen sich und verbessern dadurch den Boden. Anorganische Mulchmaterialien reflektieren Licht zu den Pflanzen hin. Beide Mulcharten verringern den Wasserverlust über die Bodenoberfläche.

Mulchbeet Methode, bei der mit mehreren Lagen Pappe und anderen organischen Materialien der Boden verbessert und dann direkt bepflanzt wird.

Mutterboden Oberste Bodenschicht; meist etwa 30 cm dick; enthält den Hauptanteil der Nährstoffe, die Pflanzen zum Wachsen benötigen.

Mykorrhiza-Pilze Bodenbürtige Pilze, die in Symbiose mit Pflanzenwurzeln leben.

Nutzpflanze Pflanze, die im Gegensatz zu **Zierpflanzen** aus praktischen Gründen angepflanzt wird.

Ökosystem Gemeinschaft von Lebewesen (Pflanzen, Pilze, Bakterien, Tiere) in einem festgelegten Gebiet.

Pathogene Mikroorganismen, die Krankheiten verursachen.

Pestizide Insektenbekämpfungsmittel.

Pflanzglocke Objekt zum Schutz von Pflanzen vor Kälte und/oder Schädlingen.

pH-Wert Der Säure- oder Basengrad. Bei Böden wird er auf einer Skala von 1 bis 14 bewertet, wobei ein Boden mit pH 7 neutral genannt wird; darüber basisch, darunter sauer.

Regenschatten Bereich direkt neben einer Mauer, einem Zaun oder einer Hecke, der vor Wind geschützt ist und daher weniger Regen abbekommt als andere Gartenteile.

Ruhephase Phase, in der die Pflanze das Wachstum einstellt; notwendig, damit die Pflanze wieder zu Kräften kommen kann. Meist im Winter oder während großer Hitze im Sommer.

Saatrille Eine flache Furche im Boden, die man beim Vorbereiten von Beeten zieht und in die gesät wird.

Schluff Boden, der zu etwa gleichen Teilen aus Sand, Löss und Lehm besteht und viel **Humus** enthält.

Schutzgürtel Anpflanzung von Bäumen und Sträuchern in Reihen, um Wind abzuhalten.

Sorte Variante einer Pflanze, die durch Züchtung oder Mutation entstanden ist. Die meisten Kulturpflanzen sind Sorten.

Spurenelemente Chemische Elemente, die für das Pflanzenwachstum notwendig sind, im Boden aber nur in geringen Mengen vorliegen; z. B. Kupfer, Eisen, Mangan, Molybdän.

Stickstofffixierer Pflanze, die Stickstoff aus der Atmosphäre aufnimmt und im Boden »fixiert«, entweder weil sie abstirbt, die Wurzeln absterben, die Blätter abgeworfen werden oder die Pflanze geschnitten wird und das Schnittgut liegen bleibt.

Sukkzessionsprinzip Kombinieren von Pflanzen, die unterschiedlich schnell reifen; ähnlich der **Mischkultur**; wird angewendet, indem die Fläche zwischen jüngeren Obstbäumen in den Jahren, bis die Gehölze genug Früchte tragen, mit einjährigen Kulturen bepflanzt werden.

Umfallkrankheit Krankheit, die durch bodenbürtige Pilze verursacht wird und an Keimlingen auftritt. Oft nach Übergießen und/oder bei niedrigen Temperaturen.

Topografie Erscheinungsbild und Ausrichtung einer Fläche, vor allem hinsichtlich der Oberflächenform.

Umpflanz-Schock Schock, den eine Pflanze, die im Topf ausgesät wurde, erleidet, wenn sie in den Boden gepflanzt wird, oder wenn eine Pflanze an einen anderen Platz umgesetzt wird; zeigt sich durch vermindertes Wachstum, in extremen Fällen durch Absterben der Pflanze.

Unterboden Bodenschicht, die direkt unterhalb dem **Mutterboden** liegt; hat meist eine andere Struktur und Farbe und enthält weniger Pflanzennährstoffe.

Winterharte Pflanze Pflanzen, die Frost und niedrige Temperaturen vertragen; einige mehr als andere.

Wurzelnackt Art des Gehölzverkaufs, bei der ein Gehölz auf einer Baumschulfläche angebaut und während der Ruheperiode zum Verkauf gerodet wird. Wird oft in Bündeln verkauft und ist gut für den Versand geeignet. Viele (Obst-)Bäume und (Hecken-)Sträucher sind wurzelnackt erhältlich, manchmal auch ausdauernde Gemüsearten wie Spargel oder Rhabarber. Meist günstiger als Containerpflanzen.

Zierpflanze Pflanzen, die wegen ihres Zier-, nicht ihres Nutzwerts angebaut werden – meist wegen der Blüten, seltener wegen der Früchte, des Laubs oder des Wuchses.

Zweijährige Pflanze, die alle Entwicklungsstadien von der Keimung bis zum Absterben über zwei Kalenderjahre, aber oft auch in zwölf Monaten durchläuft. Wird üblicherweise im Sommer ausgesät und im folgenden Frühling geerntet.

Register

Nützliche Internetseiten

Die unten genannten Organisationen bieten Kurse an, sowohl vor Ort als auch online. Außerdem findet man dort regionale Adressen, Praxistipps und Materialien zum Download. In Newslettern und Blogs bieten sie zusätzlich ständig aktualisierte Informationen.

Agroforestry Research Trust
www.agroforestry.co.uk
Non-profit-Organisation aus England, die zum Thema Permakultur forscht und englischsprachige Onlinekurse anbietet.

Biologisch gärtnern
www.biologischgaertnern.de
Informationen für Hobbygärtner mit den Schwerpunkten Düngung und Pflanzenpflege.

Holmgren Design
www.holmgren.com.au
Seite von David Holmgren, Mitbegründer der Permakultur, und seinem Team.

Holzer Permakultur
www.krameterhof.at
Auf dem Hof werden seit über 50 Jahren verschiedenste Versuche zu alternativer Landbewirtschaftung durchgeführt. Es werden Führungen, Kurse und Lehrgänge angeboten.

Permakultur im Alpenraum
www.permakultur-akademie.com
Akademie in Österreich, die Bildungsveranstaltungen zu allen Themen der Permakultur anbietet. Auf der Seite gibt es außerdem Informationen und Links zum Thema.

Permakultur-Info
www.permakultur-info.de
Sammlung von Permakultur-Projekten in Deutschland und weltweit. Eigene Projekte können eingetragen werden.

Permakultur Institut e.V.
www.permakultur.de
Verein, der die Entwicklung zukunftsfähiger Lebensweise unterstützt. Im Rahmen der Permakultur-Akademie werden Kurse und Weiterbildungen in Deutschland und anderen Ländern angeboten.

Permakultur Schweiz
www.permakultur.ch
Verein zur Einführung, Förderung und Verbreitung der Permakultur. Internetseite mit Adressen von Gruppen, Veranstaltungshinweisen, Gartentipps.

Permakulturwerkstatt
www.permakulturwerkstatt.net
Internetseite der Familie Brunner, die Kurse zu den Schwerpunkten »Permakultur kompakt«, »Keller, Küche, Speis« und »Permakultur für den inneren Garten« anbietet.

Danksagung

Dieses Buch wäre ohne die Hilfe und Mitarbeit der folgenden Menschen nicht möglich gewesen: Jane Gleeson sowie den Mitarbeitern und Studenten des Schumacher Colleges in Dartington, Devon (GB), die wir bei der Arbeit fotografieren durften und die uns hilfreiche Informationen und Tipps gegeben haben. Ich danke Freunden und Nachbarn, in deren Gärten wir fotografieren durften: Ian und Wendy Hall, Frazer und Jackie Ripley, James und Ann Bond sowie Robert Woolley. Richard Reynolds stellte Fotos vom Guerrilla-Gardening-Projekt in Elephant & Castle, London, zur Verfügung. Außerdem danke ich HOTBIN Composting, deren Bilder des Thermokomposters wir nutzen konnten.

Geräte und Ausstattung wurde gestellt von: Fred Foot von Rollins (Pedigree range); Veronica Hannon und Emma Curwen-Reed (Elho Gefäße und Accessoires); Jude Beharall (Neudorff Dünger und anderes); Frank P. Matthews Ltd. (Mykorrhiza-Pulver); Allyson Loots (Bosch Haus- und Gartengeräte). Thompson and Morgan stellte Pflanzen zum Fotografieren zur Verfügung.

Zu guter Letzt war es eine Freude, mit der Lektorin Kathy Steer und der Grafikerin/Illustratorin Alice Chadwick zusammenzuarbeiten. Beide waren während der Produktion sehr geduldig und mit gutem Gespür bei der Arbeit. Herausgeberin Catie Ziller unterstützte und leitete uns. Ihr gebührt unser ganzer Dank.

Bildnachweis

Der Herausgeber dankt folgenden Personen für die freundliche Genehmigung zur Verwendung ihrer Fotos:

23 © Shutterstock: Cora Mueller; **31 © Shutterstock:** Karel Gallas (u); **32 © Shutterstock:** Shebeko (o); szefei (om); ChrisSullivan (um); kavram (u); **36 © Shutterstock:** Nick Pecker; **37 © Shutterstock:** Ian Murdoch (l); Debu55y (r); **39 © Shutterstock:** Luisa Fumi (l); **49 © Shutterstock:** Ondrej Prosicky (o); **51 © Getty Images / iStock:** ph2212 (or); **76** HOTBIN Composting; **85 © Getty Images / iStock:** emer1940 (gul); **115 © Shutterstock:** Natalia Siiatovskaia (u); **119 © Shutterstock:** AQ-taro-neo (m); **120 © Shutterstock:** Piyachok Thawornmat (ol); Del Boy (ul); **121 © Shutterstock:** Mrs-ya (ol); **123 © Shutterstock:** Carl Dupont (or); StockPhotovideo (ogr); **124 © Shutterstock:** Snap Happy (o); Dmitryp-k (u); **131 © Shutterstock:** Graham Corney; **132 © Shutterstock:** gabriel12 (u); **139 © Shutterstock:** Agatha Koroglu (ol); Eteri Okrochelidze (mr); **140 © Shutterstock:** davemhunt photography (u); **149 © Shutterstock:** AlessandroZocc (ol); girl-think-position (ml); pgaborphotos (ul); Elena Elisseeva (ur); **158 © Shutterstock:** OMMB (u); **182 © Shutterstock:** SewCream; **185 © Shutterstock:** Sue Martin; **187 © Shutterstock:** Cora Mueller; **188 © Shutterstock:** Katarzyna Mazurowska; **190 © Shutterstock:** Janelle Lugge (o); Sally Wallis (u); **191 © Shutterstock:** Martin Fowler (o); Barry Blackburn (mo); Przemyslaw Muszynski (mu); CoolR (u); Julia Reschke (ul); **195 © Shutterstock:** UMB-O (or); Photodigitaal.nl (ur); **197 © Shutterstock:** tomas devera photo (ur); **200:** Richard Reynolds (l).

Cover *Vorne:* **Getty Images / iStock:** manichino (gor)

o-oben; u-unten; m-Mitte; g-ganz; l-links; r-rechts

Alle anderen Abbildungen © Peter Anderson & Howard Rice

Lektorat
Catie Ziller, Kathy Steer, Odile Raoul, Irène Colas

Gestaltung und Bildredaktion
Alice Chadwick, Fréderic Voisin

Illustrationen
Alice Chadwick

Fotos
Peter Anderson, Howard Rice

Für die deutsche Ausgabe:
Projektbetreuung Manuela Stern
Herstellungskoordination Katharina Schäfer
Herstellung und Covergestaltung Verena Marquart

Titel der französischen Originalausgabe:
Permaculture

Übersetzung Jutta Langheineken
Lektorat Christine Ritter
Redaktion der zweiten Ausgabe Corina Steffl

ISBN 978-3-8310-5003-1
5902-0M0204-23783-01

Druck und Bindung Toppan Leefung, China

FSC www.fsc.org
MIX
Papier | Fördert gute Waldnutzung
FSC® C104723

www.dk-verlag.de